电机与拖动基础
（下册）

主编　张　宁　杨秀丽

科学出版社

北　京

内 容 简 介

本书分上、下两册。上册包括绪论、第 1 章～第 5 章,主要介绍电动机基础知识,变压器、异步电机、同步电机和直流电机的结构类型、工作原理、工作特性等基本理论,以及控制电机的原理及应用等。下册包括第 6 章～第 10 章,主要介绍电力拖动系统的运动方程,电力拖动系统的负载特性,直流电动机、三相异步电动机和同步电动机的起动、调速与制动方法,以及在拖动系统中电动机类型的选择。

本书可作为普通高等院校农业工程类专业基础课教材,也可作为电气类教师、非电类专业大学生和电气工程技术人员的指导与参考用书。

图书在版编目(CIP)数据

电机与拖动基础:全 2 册 / 张宁,杨秀丽主编. —北京:科学出版社,2020.8
ISBN 978-7-03-065601-8

Ⅰ. ①电… Ⅱ. ①张… ②杨… Ⅲ. ①电机②电力传动 Ⅳ. ①TM3 ②TM921

中国版本图书馆 CIP 数据核字(2020)第 114024 号

责任编辑:余 江 梁晶晶 / 责任校对:王 瑞
责任印制:张 伟 / 封面设计:迷底书装

科 学 出 版 社 出版
北京东黄城根北街 16 号
邮政编码:100717
http://www.sciencep.com
涿州市般润文化传播有限公司 印刷
科学出版社发行 各地新华书店经销
*
2020 年 8 月第 一 版 开本:787×1092 1/16
2021 年 1 月第二次印刷 印张:25 3/4
字数:643 000
定价:88.00 元(上下册)
(如有印装质量问题,我社负责调换)

编委会名单

主　编　张　宁　杨秀丽

副主编　石敏惠　张楠楠

参　编　陈松柏　李妙祺　刘　利　程良鸿

主　审　罗锡文　韩克敏　王桂英

序

随着科学技术的不断进步，农业电气化与自动化学科和信息、计算机、能源等相关学科加强交叉融合，正向智能化、网络化和集成化的方向发展。加强农业电气化与自动化学科建设，对繁荣农村地区的经济，促进农业与农村经济的可持续发展，推动农业电气化的全面实施等都具有深远和重要的意义。

"电机与拖动"课程是农业电气化与自动化学科的专业基础课。该书由西北农林科技大学、华南农业大学、沈阳农业大学、四川农业大学和甘肃农业大学的教师联合编写，是依据《国家中长期教育改革和发展规划纲要(2010—2020年)》与高等院校农业工程类专业本科生的实际需要，通过对相关教材内容的整合、交融和改革，来满足各农业院校的办学需求。该教材有以下三个特点。

(1)适用性。结合农业电气化、自动化专业的培养目标和专业定位，按专业基础课的要求进行选材组稿。注重章节之间的衔接，在满足系统性的前提下，内容精炼。

(2)示范性。教材中展现的教学理念、知识体系、知识点和实施方案在本领域中具有广泛的示范性，代表并引导教学发展的趋势和方向。

(3)创新性。在教材编写中坚持与时俱进，对原有知识体系进行实质性的改革和发展，教材内容涵盖基本学科新技术和新成果，注重教学理论创新和实践创新，以适应新形势下的教学规律。

希望《电机与拖动基础》教材在农业电气化与自动化学科知识体系构建中发挥重要作用。

罗锡文

2020年4月

前　言

为进一步加强教材建设，打造一批高水平优秀教材，结合当前高等教育发展的新形势和学科自身发展的要求，更好地满足教学要求和读者需求，本书依据《国家中长期教育改革和发展规划纲要(2010—2020 年)》，将电机学的经典理论与电力拖动的控制方法有机地结合在一起，以增加教材的科学性、系统性和实用性。

"电机与拖动"课程类别属农业工程类专业基础课，主要适用于农业电气化、农业工程、农业机械化及其自动化、农业水利工程、自动化、能源与动力工程等专业。

本书是编者在总结长期教学经验、广泛听取其他院校教师意见、吸收各类现有教材优点的基础上，针对高等院校农业工程类学生的知识结构、知识面而编写的。首先，主要内容符合教学大纲要求，增加理论和实用中有较大意义的内容，从方式和方法上营造良好的教育环境，建立适合人才培养方案的特色教材。其次，在论述方法上采用较完善的、更适合教学的素材，着重对传统电机经典理论和电力拖动控制方法进行系统的讲解。同时，还吸收近年来电机与拖动理论在农业现代工程领域的研究成果。本书每章都有本章要点、本章小结和习题，习题类型多样，附有参考答案。书中加"*"的内容，学习者可结合需求自由选读。

本书分为上、下两册。上册为电机学，主要包括电动机基础知识，变压器、异步电机、同步电机和直流电机的结构类型、工作原理、工作特性等基本理论，以及控制电机的原理及应用等。下册为电力拖动，主要包括电力拖动系统的运动方程，电力拖动系统的负载特性，直流电动机、三相异步电动机和同步电动机的起动、调速与制动方法，以及在拖动系统中电动机类型的选择。

本书由西北农林科技大学、华南农业大学、沈阳农业大学、四川农业大学、甘肃农业大学的教师联合编写完成。第 1 章由石敏惠、张楠楠编写，第 2 章由陈松柏编写，第 3 章由程良鸿编写，第 4 章由杨秀丽编写，第 7 章由刘利编写，第 8 章由李妙祺编写，绪论、第 5、6、9、10 章由张宁编写，全书由张宁统稿。本书承蒙罗锡文院士主审，他对全书进行了仔细的审阅，提出了许多宝贵的建议和意见，并撰写了序。韩克敏教授和王桂英教授也参加了审稿工作。

另外，本书的出版得到了西北农林科技大学、华南农业大学和沈阳农业大学教材建设项目的大力支持，在此表示衷心的感谢。也感谢中华农业科教基金会"全国农业教育优秀教材"《电机与拖动》一书提供的大量素材。

由于编者学识有限，书中难免存在疏漏之处，敬请广大读者不吝批评指正。

编　者

2020 年 4 月

目　　录

第 6 章　电力拖动系统的动力学基础

【本章要点】本章是研究电力拖动系统的基础，主要介绍电力拖动系统的组成、电力拖动系统的动力基础、电力拖动系统的负载特性及其稳定条件。其中电力拖动系统的运动方程式是拖动系统动力学基础之一，在其基础上折算各种负载转矩和飞轮矩，分析各类负载工作特性，确定系统的稳定运行条件，定义系统调速的基本概念和性能指标。

通过本章学习使学生对电力拖动系统的运动过程和种类有一个总体认识。要求学生掌握电力拖动系统的运动方程式及其稳定条件，负载转矩和飞轮矩的折算方法，电力拖动系统的负载特性及其调速的基本概念和性能指标。

"拖动"就是应用各种原动机使生产机械产生运动，以完成一定的生产任务。电力拖动又称电气传动，是以电动机作为原动机驱动生产机械的总称。它主要研究如何合理使用电动机，通过电动机的控制，使被拖动的机械按照某种预定的要求运行。本课程主要从电动机的特性出发，研究电动机的起动、调速和制动方法。

6.1　电力拖动系统的组成和分类

在工农业生产和交通运输等领域，许多设备都以电动机为动力，来完成物体的加工、输送、压缩与分离等工作，例如，工矿企业中的各种机床、轧钢机、卷扬机、纺织机、造纸机、搅拌机、鼓风机等生产机械。这种以电动机为动力拖动各种生产机械的工作方式为电力拖动。

电力拖动通常由电动机、工作机构、传动机构、控制设备以及电源五部分组成，如图 6-1 所示。电动机把能量转换成机械动力，通过传动机构拖动生产机械的某个工作机构；传动机构改变电动机输出速度或运动方式，把电动机和负载连接起来；控制设备由各种控制电机、电器、自动化元件及工业控制计算机等组成，用以控制电动机的运动从而实现对工作机构的自动控制。

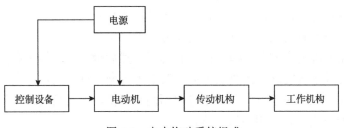

图 6-1　电力拖动系统组成

按照电源和电动机的种类不同，以交流电动机(主要包括异步电动机和同步电动机)为动力的电力拖动系统称为交流电力拖动系统；以直流电动机为动力的电力拖动系统称为直流电力拖动系统。通常电动机是根据生产机械的工作要求来选择的。由于交流电动机具有结构简单、运行可靠、价格低、维护方便等一系列优点，因此，随着电力电子技术和交流调速技术的日益成熟，交流电力拖动逐渐成为电力拖动的主流。

简单的生产机械，如风机、水泵等，只需一台电动机拖动。大型复杂的生产机械，如各种大型机床，需要多台电动机分别拖动它们的各个工作机构。因此，电力拖动系统按电机数量还可分为单电动机拖动系统和多电动机拖动系统。

依据传动机构的形式，电力系统尚有单轴系统和多轴系统之分。有些情况下，电动机可以与工作机构采用同轴连接，这种系统称为单轴电力拖动系统；而在许多情况下，电动机与工作机构并不同轴，中间需要增设传动机构，如齿轮箱、涡轮、蜗杆等，这种系统称为多轴电力拖动系统。

6.2　电力拖动系统的运动方程式

最简单的单轴电力拖动系统如图 6-2 所示，拖动系统的负载与电动机转轴直接相连，负载的转速与电机的转速相同。由动力学定理可以写出这个旋转系统的运动方程：

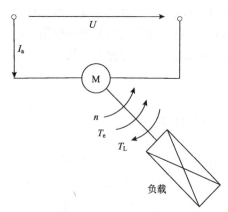

$$T_e - T_L = J\frac{\mathrm{d}\Omega}{\mathrm{d}t} \tag{6-1}$$

式中，T_e 为电动机的电磁转矩（N·m），属于拖动性质转矩，其正方向与转速 n 的正方向相同；T_L 为负载转矩（N·m），属于制动性质转矩，又称阻转矩，其正方向与转速 n 的正方向相反；J 为拖动系统的转动惯量（kg·m²）；Ω 为电动机的机械角速度（rad/s）；$J\frac{\mathrm{d}\Omega}{\mathrm{d}t}$ 为拖动系统的惯性转矩（N·m）。

图 6-2　单轴电力系统

总负载转矩 T_L 包括电动机的空载转矩 T_0，但由于 T_0 太小，在电力拖动系统的分析中可以忽略不计。因此一般认为稳态时总负载转矩 T_L 与电动机的输出转矩相等，即 $T_L = T_2$，T_2 的大小等于电动机稳定运行时负载的阻转矩。除非特殊情况。

图 6-2 根据电动机惯例画出了转速 n、电磁转矩 T_e 和负载转矩 T_L 的正方向，运动方程正是根据这一正方向规定写出的。事实上，由于电动机类型及运转状态不同，以及生产机械负载性质的不同，各物理量的实际方向与规定正方向不一定相同。所以，一般预先假定转速的参考方向，即规定某旋转方向（如顺时针方向）为正，然后确定拖动转矩和负载转矩的参考方向，最后将运动方程中各物理量的真实方向与其参考方向进行对比，方向相同取正值，方向相反取负值。例如，拖动转矩方向与规定方向相同为正值，方向相反为负值；负载转矩方向与规定方向相反为正值，方向相同为负值。

在工程计算中，式(6-1)的计算形式不是很实用，常将角速度 Ω 用电动机轴的转速 n 来代替，即

$$\Omega = \frac{2\pi n}{60} \tag{6-2}$$

由于转动惯量 J 是物理学中常用的物理量，工程上则常用飞轮矩来表示机械惯性。它们之间的关系为

$$J = m\rho^2 = \frac{GD^2}{4g} \tag{6-3}$$

式中，m 为系统转动部分的质量 (kg)；ρ 为系统转动部分的回转半径 (m)；G 为系统转动部分的重量 (N)；D 为转动部分的回转直径 (m)；g 为重力加速度，$g = 9.81\text{m/s}^2$。

当然需要注意回转半径（直径）与物体的几何半径（直径）是不同的。回转半径是将绕某一旋转轴旋转的物体质量集中到离旋转轴距离为 ρ 的一点，如果其转动惯量与该物体的转动惯量 J 相等，那么 ρ 为该物体对指定旋转轴的回转半径。

将式 (6-2) 和式 (6-3) 代入式 (6-1)，得到拖动系统运动方程的实用表达式为

$$T_e - T_L = \frac{GD^2}{375}\frac{dn}{dt} \tag{6-4}$$

式中，$T_e - T_L$ 称为动转矩；GD^2 为飞轮矩 (N·m²)，$GD^2 = 4gJ$。

必须指出，数字 375 具有加速度量纲，式 (6-4) 中各物理量在前述指定单位时才成立。电动机电枢（或转子）即其他转动部件的飞轮矩 GD^2 的数值可在相应产品目录中查到。

电力拖动系统的运动状态可由式 (6-4) 中的两个转矩来表示。

(1) 当 $T_e > T_L$ 时，$\frac{dn}{dt} > 0$，即动转矩大于零时，系统处于加速运行的过渡过程中；

(2) 当 $T_e < T_L$ 时，$\frac{dn}{dt} < 0$，即动转矩小于零时，系统处于减速运行的过渡过程中；

(3) 当 $T_e = T_L$ 时，$\frac{dn}{dt} = 0$，即动转矩等于零时，系统处于恒转矩稳速运行的稳态 (n＝常数) 或静止状态 ($n=0$)。

6.3　工作机构转矩和飞轮矩的折算

实际大多数电力拖动系统的工作机构速度与电动机转速并不相同，是需装设变速机构的电力拖动系统。电动机通过传动机构与工作机构相连，拖动系统的轴可能不止一根，如图 6-3(a) 所示，图中采用了 3 根轴，将电动机的速度 n 变成符合工作机构需要的速度 n_g。在不同轴上各有其本身的转动惯量及速度，也有反映电动机拖动的转矩和反映工作机构的阻转矩。这种系统显然比单轴系统复杂得多，计算起来也比较困难。要全面研究这个多轴系统的问题，必须对每根轴列出相应的运动方程式，还要列出各轴之间相互联系的方程式，最后把这些方程式联系起来，才能全面研究运动系统。采用这种方法，计算工程较为复杂。实际上，对电力拖动系统来说，不需要详细了解每一根轴的问题，通常只把电动机轴作为研究对象即可。

为此，引入折算的概念简化多轴拖动系统的分析计算，即把实际的传动机构和工作机构看作一个整体，且等效为一个负载，把负载转矩和系统的飞轮矩折算到电动机轴上，使多轴拖动系统变为单轴拖动系统。折算的原则是保持两个拖动系统传递的功率不变、系统储能的动能不变。这样，把多轴系统转化为单轴系统，只需要研究一根轴，如图 6-3(b) 所示，就可解决整个系统的问题，研究方法大为简化。本章主要介绍典型电力拖动系统的折算方法。

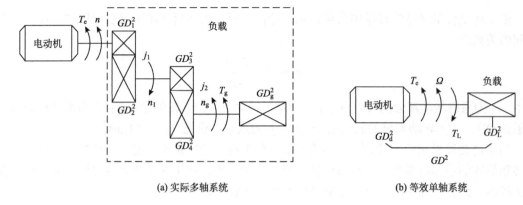

(a) 实际多轴系统   (b) 等效单轴系统

图 6-3　多轴旋转运动系统的折算

6.3.1　多轴旋转运动系统

1. 旋转运动转矩的折算

以图 6-3(a)所示的多轴旋转运动系统为例，令 T_L 为工作机构折算到电动机轴上的转矩，T_g 为工作机构的实际负载转矩，Ω 为电动机的角速度，Ω_g 为工作机构转轴角速度，n 为电动机的速度，n_g 为工作机构转轴的速度。若不考虑中间传动机构的损耗，按照折算原则，工作机构折算到电动机上的功率应等于工作机构的功率，即

$$T_L\Omega = T_g\Omega_g$$

$$T_L = \frac{T_g\Omega_g}{\Omega} = \frac{T_g n_g}{n} = \frac{T_g}{j} \tag{6-5}$$

式中，j 为传动机构的总速比，它与各级速比 j_1、j_2 之间的关系为

$$j = \frac{n}{n_g} = \frac{n}{n_1}\frac{n_1}{n_g} = j_1 j_2 \tag{6-6}$$

减速机构，$j > 1$ 或 $j \gg 1$；离心机构，$j < 1$。

图 6-3(b)为等效单轴系统。若考虑中间传动机构的传动效率，则

$$T_L\Omega = \frac{T_g\Omega_g}{\eta_c}$$

$$T_L = \frac{T_g\Omega_g}{\eta_c\Omega} = \frac{T_g n_g}{\eta_c n} = \frac{T_g}{\eta_c j} \tag{6-7}$$

式中，η_c 为中间传动机构的总传动效率，它是各级传动效率的乘积。

2. 旋转运动飞轮矩的折算

在多轴拖动系统中，传动机构为电动机负载的一部分，需要将传动机构各轴的飞轮矩以及工作机构的飞轮矩都折算到电动机轴上。因此，折算到电动机轴上的负载飞轮矩既包括工作机构的飞轮矩，又包括传动机构的飞轮矩，它与电动机转子的飞轮矩之和就是等效单轴系统的总飞轮矩。

各轴飞轮矩对运动过程的影响直接反映在各个轴飞轮矩所储存的动能上，因此负载飞轮矩折算的原则是折算前后系统的动能不变。

旋转物体的动能为

$$\frac{1}{2}J\Omega^2 = \frac{1}{2}\frac{GD^2}{4g}\left(\frac{2\pi n}{60}\right)^2 = \frac{GD^2 n^2}{7149} \tag{6-8}$$

因此，传动机构和工作机构折算到电动机轴后的动能计算公式为

$$\frac{GD_{\mathrm{L}}^2 n_{\mathrm{d}}^2}{7149} = \frac{GD_1^2 n_{\mathrm{d}}^2}{7149} + \frac{GD_2^2 + GD_3^2}{7149}\frac{n_{\mathrm{d}}^2}{j_1^2} + \frac{GD_4^2 + GD_{\mathrm{g}}^2}{7149}\frac{n_{\mathrm{d}}^2}{j_1^2 j_2^2}$$

图 6-3(a)所示系统的等效单轴系统的总飞轮矩为

$$GD^2 = GD_{\mathrm{d}}^2 + GD_{\mathrm{L}}^2 = GD_{\mathrm{d}}^2 + GD_1^2 + \frac{GD_2^2 + GD_3^2}{j_1^2} + \frac{GD_4^2 + GD_{\mathrm{g}}^2}{j_1^2 j_2^2} \tag{6-9}$$

式中，GD_{d}^2 为电动机本身的飞轮矩($\mathrm{N\cdot m^2}$)；$GD_1^2 \sim GD_4^2$ 分别为各齿轮的飞轮矩($\mathrm{N\cdot m^2}$)；GD_{g}^2 为工作机构的飞轮矩($\mathrm{N\cdot m^2}$)。

可见，折算到电动机轴上的飞轮矩应为各级飞轮矩除以电动机转速与该级转速比的二次方。顺便指出，拖动系统中各轴的飞轮矩已包含在上述电动机、传动机构及工作机构的飞轮矩中。

由于传动机构和工作机构的转速通常低于电动机转速，而飞轮矩的折算值与转速比二次方成反比。因此，电动机轴上的飞轮矩占总飞轮矩的比重最大，其次是工作机构飞轮矩的折算值，传动机构的折算值占的比例最小。在实际工作中，为了简化计算，常采用适当加大电动机飞轮矩的方法来估计总飞轮矩，即

$$GD^2 = (1+\delta)GD_{\mathrm{d}}^2 \tag{6-10}$$

式中，δ 为估算因素，一般取 $\delta = 0.2 \sim 0.3$，如果电动机轴上还有其他大飞轮矩部件，如机械抱闸的闸轮等，则 δ 的取值适当加大。

【例 6-1】　如图 6-3 所示的三轴拖动系统，已知工作机构的转矩 $T_{\mathrm{g}} = 236\mathrm{N\cdot m}$，转速为 $n_{\mathrm{g}} = 128\mathrm{r/min}$，速比为 $j_1 = 2.4$，$j_2 = 3.2$；各级传动效率为 $\eta_1 = \eta_2 = 0.9$，飞轮矩 $GD_{\mathrm{d}}^2 = 6.5\ \mathrm{N\cdot m^2}$，$GD_1^2 = 1.4\mathrm{N\cdot m^2}$，$GD_2^2 = 2.8\mathrm{N\cdot m^2}$，$GD_3^2 = 1.6\mathrm{N\cdot m^2}$，$GD_4^2 = 3.1\mathrm{N\cdot m^2}$，$GD_{\mathrm{g}}^2 = 25\mathrm{N\cdot m^2}$。求折算到电动机轴上的负载转矩和总飞轮矩。

解　总传动效率

$$\eta_{\mathrm{c}} = \eta_1 \cdot \eta_2 = 0.9 \times 0.9 = 0.81$$

转速比

$$j = j_1 j_2 = 2.4 \times 3.2 = 7.68$$

折算到电动机轴上的负载转矩

$$T_{\mathrm{L}} = \frac{T_{\mathrm{g}}}{\eta_{\mathrm{c}} j} = \frac{236}{0.81 \times 7.68} = 37.94(\mathrm{N\cdot m})$$

折算到电动机轴上的负载飞轮矩

$$GD_{\mathrm{L}}^2 = GD_1^2 + \frac{GD_2^2 + GD_3^2}{j_1^2} + \frac{GD_4^2 + GD_{\mathrm{g}}^2}{j^2}$$

$$= 1.4 + \frac{2.8 + 1.6}{2.4^2} + \frac{3.1 + 25}{7.68^2} = 2.64(\mathrm{N\cdot m^2})$$

总飞轮矩

$$GD^2 = GD_{\mathrm{d}}^2 + GD_{\mathrm{L}}^2 = 6.5 + 2.64 = 9.14 \ (\mathrm{N \cdot m^2})$$

6.3.2 平移运动系统

某些生产机械的工作机构是做平移运动的，如刨床的工作台。将这种拖动系统等效成单轴系统，需要将平移运动部件的质量折算成等效单轴系统的飞轮矩。以图 6-4 所示的刨床拖动系统为例来说明这种系统的折算方法。图中刨床工作台带动工件前进，以某一切削速度进行切削平移运动。其中电动机与齿轮 1 直接相连，经过齿轮 2～7 依次传动到齿轮 8，齿轮 8 与工作台 G_1 的齿条啮合。

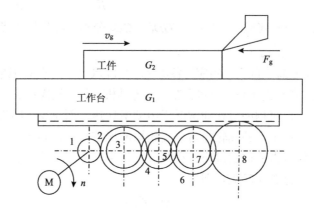

图 6-4　刨床拖动系统示意图

1. 平移运动转矩的折算

设工作机构的平移速度为 v_{g} (m/s)，工作机构做平移运动时所克服的阻力为 F_{g}（等于切削力，单位为 N）。则工作机构的切削功率为

$$P_{\mathrm{g}} = F_{\mathrm{g}} v_{\mathrm{g}}$$

若传动机构的效率为 η_{c}，根据折算前后功率不变的原则，折算到电动机的功率为

$$T_{\mathrm{L}} \Omega = F_{\mathrm{g}} v_{\mathrm{g}} / \eta_{\mathrm{c}}$$

所以，折算到电动机轴上的负载转矩为

$$T_{\mathrm{L}} = \frac{F_{\mathrm{g}} v_{\mathrm{g}}}{\eta_{\mathrm{c}} \Omega} = \frac{F_{\mathrm{g}} v_{\mathrm{g}}}{\eta_{\mathrm{c}} \dfrac{2\pi n}{60}} = 9.55 \frac{F_{\mathrm{g}} v_{\mathrm{g}}}{\eta_{\mathrm{c}} n} \tag{6-11}$$

式中，9.55 为单位换算系数，$9.55 = 60/(2\pi)$。

2. 平移运动飞轮矩的折算

若工作机构平移运动部分的质量和重量分别为 m_{g} 和 G_{g}，则产生的动能为

$$\frac{1}{2} m_{\mathrm{g}} v_{\mathrm{g}}^2 = \frac{1}{2} \frac{G_{\mathrm{g}}}{g} v_{\mathrm{g}}^2$$

将平移运动部分的质量折算成电动机轴上的飞轮矩 GD_{Lg}^2，折算前后系统动能相等，即

$$\frac{1}{2}\frac{G_g}{g}v_g^2 = \frac{1}{2}\frac{G_{Lg}}{4g}\left(\frac{2\pi n}{60}\right)^2$$

整理可得

$$GD_{Lg}^2 = 365\frac{G_g v_g^2}{n^2} \qquad (6\text{-}12)$$

传动部分其他轴上的折算方法与旋转运动系统相同。

【例 6-2】　龙门刨床的传动系统如图 6-4 所示，各级传动齿轮及运动体数据见表 6-1，已知电动机的转速 n=558r/min（10 极），切削力 F_g=20000N，切削速度 v_g =0.167m/s，工作台与导轨的摩擦因素 μ=0.1，工作台重量 G_1=30000N，工件重量 G_2=7000N，传动机构的效率 η_c=0.8，由垂直方向切削力所引起的工作台与导轨间的摩擦力损失可略去不计。求折算到电动机轴上的总飞轮矩和负载转矩。

表 6-1　例 6-2 传动齿轮及运动体的数据

代号	1	2	3	4	5	6	7	8	M
速比	3.13		2.64		3.22		3.29		
GD^2	3.1	15.2	8	24	14	38	26	42	240

解　传动机构的速比

$$j = j_1 j_2 j_3 j_4 = 3.13 \times 2.64 \times 3.22 \times 3.29 = 87.54$$

旋转部分的飞轮矩

$$GD_a^2 = \left(GD_d^2 + GD_1^2\right) + \frac{GD_2^2 + GD_3^2}{j_1^2} + \frac{GD_4^2 + GD_5^2}{j_1^2 j_2^2} + \frac{GD_6^2 + GD_7^2}{j_1^2 j_2^2 j_3^2} + \frac{GD_8^2}{j^2}$$

$$= 240 + 3.1 + \frac{15.2 + 8}{3.13^2} + \frac{24 + 14}{3.13^2 \times 2.64^2} + \frac{38 + 26}{3.13^2 \times 2.64^2 \times 3.22^2} + \frac{42}{87.54^2}$$

$$= 246.12(\text{N} \cdot \text{m}^2)$$

平移运动部分的重量

$$G_g = G_1 + G_2 = 30000 + 7000 = 37000(\text{N})$$

平移运动部分折算到电动机轴上的总飞轮矩

$$GD_{Lg}^2 = 365\frac{G_g v_g^2}{n^2} = 365 \times \frac{37000 \times 0.167^2}{558^2} = 1.21(\text{N} \cdot \text{m}^2)$$

折算到电动机轴上的总飞轮矩

$$GD^2 = GD_a^2 + GD_{Lg}^2 = 246.12 + 1.21 = 247.33(\text{N} \cdot \text{m}^2)$$

工作台与导轨的摩擦力

$$f = \mu G_g = 0.1 \times 37000 = 3700(\text{N})$$

折算到电动机轴上的总负载转矩

$$T_L = 9.55 \frac{\left(F_g + f\right)v_g}{\eta_c n}$$

$$= 9.55 \times \frac{(20000 + 3700) \times 0.167}{0.85 \times 558} = 79.7(\text{N} \cdot \text{m})$$

6.3.3　升降运动系统

一些生产机械的工作机构是做升降运动的，属于平移运动系统的特殊状况，如卷扬机、电梯、提升机等。将这种拖动系统等效成单轴系统的负载转矩，将运动部件的重量折算成等效单轴系统的飞轮矩。图 6-5 所示的是一个起重机系统，电动机通过传动机构拖动卷筒，卷筒上的钢丝绳悬挂一个重量为 G_g 的重物，其运动速度为 v_g。以此图为例来说明这种系统的折算方法。由于重物上升和下降时功率传递方向不同，其折算方法也不相同，所以分别进行讨论。

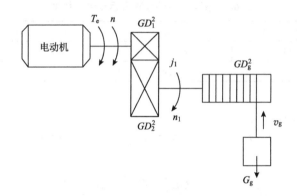

图 6-5　起重机拖动系统示意图

1. 提升运动的转矩折算

重物提升时，工作机构的机械功率为 $G_g v_g$，由于提升重物时传动机构的损耗由电动机负担，若提升重物时的传动效率为 η_c，则电动机的实际负载功率为 $G_g v_g / \eta_c$。等效单轴系统的负载功率为 $T_L \Omega$，根据折算前后功率不变的原则，折算到电动机轴上的负载转矩为

$$T_L = \frac{G_g v_g}{\eta_c \Omega} = \frac{G_g v_g}{\eta_c \dfrac{2\pi n}{60}} = 9.55 \frac{G_g v_g}{\eta_c n} \tag{6-13}$$

2. 下降运动的转矩折算

下放重物时，工作机构的机械功率仍为 $G_g v_g$，但由于下放重物时传动机构的损耗不是由电动机负担，而是由重物负担。若下放重物时的传动效率为 η_c'，则电动机的实际负载功率为 $G_g v_g \eta_c'$。因此，折算到对电机轴上的负载转矩为

$$T_L = \frac{G_g v_g}{\Omega} = 9.55 \frac{G_g v_g}{n} \eta_c' \tag{6-14}$$

比较式(6-13)和式(6-14)，可以看出，同一重物在提升和下放时折算到电动机的负载转矩是不同的，下放时折算后的负载转矩小于提升时折算后的负载转矩，提升传动效率 η_c 与下

放传动效率 η_c' 也不相等。但同一重物在提升和下放时传动机构损耗可认为不变，因为提升重物时，传动机构损耗等于电动机功率减去负载功率；而重物下放，该损耗等于负载功率减去电动机功率，即

$$G_g v_g - G_g v_g \eta_c' = \frac{G_g v_g}{\eta_c} - G_g v_g$$

由此可导出提升传递效率 η_c 与下放传递效率 η_c' 之间的关系为

$$\eta_c' = 2 - \frac{1}{\eta_c} \tag{6-15}$$

由式(6-15)可知，当提升传递效率 $\eta_c < 0.5$ 时，下放传递效率 $\eta_c' < 0$，η_c' 出现负值。η_c' 为负值说明当重物很轻或者仅有吊钩时，由之产生的负载功率不足以克服传动机构的损耗，因此还需要电动机产生一个下放方向的转矩才能完成下放动作。在生产实际中，η_c' 为负值是有益的，它起到了安全保护作用。这样提升系统在轻载的情况下，如果没有电动机作下放方向的推动，重物是掉不下来的，这称为提升机构的自锁作用，它对于像电梯这类涉及人身安全的提升机构尤为重要。要使 η_c' 为负，必须采用低提升效率的传动机构，如涡轮蜗杆传动，其提升效率仅为 0.3～0.5。

3. 升降运动飞轮矩的折算

升降运动的飞轮矩折算与平移运动相同，故升降部分折算到电动机轴上的飞轮矩为

$$GD_{Lg}^2 = 365 \frac{G_g v_g^2}{n^2}$$

【例 6-3】 起重机的传动系统如图 6-5 所示，已知重物 $G_g = 1500$N，齿轮速比为 $j = 8$，重物提升时的效率 $\eta_c = 0.92$，提升重物的速度 $v_g = 0.8$m/s，电动机转速 $n = 150$r/min，电动机飞轮矩 $GD_d^2 = 58$ N·m²，齿轮飞轮矩 $GD_1^2 = 3.4$ N·m²，$GD_2^2 = 17.8$ N·m²，卷筒飞轮矩 $GD_3^2 = 41.6$ N·m²。求折算到电动机轴上的负载转矩和总飞轮矩。

解 折算到电动机轴上的负载转矩

$$T_L = 9.55 \frac{G_g v_g}{\eta_c n} = 9.55 \times \frac{1500 \times 0.8}{0.92 \times 150} = 83(\text{N·m})$$

提升的重物折算到电动机的飞轮矩

$$GD_{Lg}^2 = 365 \frac{G_g v_g^2}{n^2} = 365 \times \frac{1500 \times 0.8^2}{150^2} = 15.57(\text{N·m}^2)$$

负载飞轮矩

$$GD_L^2 = GD_{Lg}^2 + GD_1^2 + \frac{GD_2^2 + GD_3^2}{j^2}$$
$$= 15.57 + 3.4 + \frac{17.8 + 41.6}{8^2} = 19.90(\text{N·m}^2)$$

总飞轮矩

$$GD^2 = GD_d^2 + GD_L^2 = 58 + 19.9 = 77.9(\text{N·m}^2)$$

6.4　生产机械的负载转矩特性

在运动方程式中，负载转矩 T_L（又称阻转矩）与转速 n 的关系 $T_L=f(n)$ 称为生产机械的负载转矩特性。

负载转矩的大小 T_L 和多种因素有关。例如，在机床切削工件时，机床主轴转矩与切削速度、切削量大小、工件直径、工件材料及刀具类型等都有密切关系。为此，大多数生产机械的负载转矩特性可归纳为以下三种类型。

6.4.1　恒转矩负载特性

恒转矩负载特性是指生产机械的负载转矩 T_L 与转速 n 无关，即当转速变化时，负载转矩为一恒定值。根据负载转矩与转速的方向是否一致，恒转矩负载特性又可分为反抗性恒转矩负载特性和位能性恒转矩负载特性。

1. 反抗性恒转矩负载特性

摩擦类负载，如机床的平移机构、轧钢机等，都属于反抗性恒转矩负载，其负载特性如图 6-6 所示。负载转矩 T_L 的方向总是与运动的方向相反，转矩为制动性的。反抗性恒转矩负载特性曲线处在坐标系的第 I、第 III 象限内，当 $n>0$ 时，$T_L>0$；当 $n<0$ 时，$T_L<0$，计为 $-T_L$。注意，这里若以某一指定的转向作为参考方向，则转速与参考方向一致时为正，反之为负；而负载转矩则是与参考方向相反时为正（因为是阻转矩），一致时为负。多数恒转矩负载特性都是反抗性的。

2. 位能性恒转矩负载特性

位能性恒转矩负载是由起重机中某些具体有位能的部件（如吊钩、重物等）造成的。其特点是 T_L 的方向固定不变，与转速的方向无关，即负载转矩方向不随转速方向改变，负载特性如图 6-7 所示。由图可知，负载特性处在坐标平面的第 I、第 IV 象限，当 $n>0$ 时，$T_L>0$；当 $n<0$ 时，$T_L>0$，而且表示恒值的直线是连续的。由此可见，位能性负载的特点是：提升重物时，负载转矩 T_L 反对提升；下放重物时，负载转矩 T_L 帮助下放。

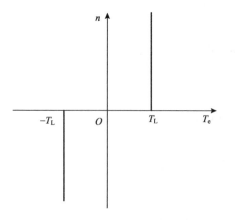

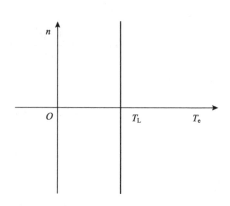

图 6-6　反抗性恒转矩负载特性　　　　图 6-7　位能性恒转矩负载特性

必须注意某些特殊情况，例如，电力机车下坡时，机车的位能对电动机起加速作用。根据前面对转矩和转速方向的规定，这时的负载转矩 T_L 应取负值，而转速 n 应取正值。电动机处于这种运行状态时，负载转矩特性处在第 II 象限内。

6.4.2 恒功率负载特性

某些机床，如车床、刨床和铣床等，在进行粗加工时，切削量大，切削阻力大，主轴以低速运转；在进行精加工时，切削量小，切削阻力也小，主轴则以高速运转。因此，不同转速下的负载转矩 T_L 基本上与转速 n 呈反比，负载功率基本为常数，即

$$T_L = k/n \tag{6-16}$$

式中，k 为比例系数。

此时，负载功率 P_L 为

$$P_L = T_L \Omega = T_L \frac{2\pi n}{60} = \frac{k}{9.55} \tag{6-17}$$

由于切削功率基本不变，负载功率 P_L 为常数，负载转矩 T_L 与转速 n 成反比，负载特性是一条双曲线，特性曲线呈恒功率特性，如图 6-8 所示。轧钢机轧制钢板工艺过程也属于恒转矩负载特性，轧制小工件时，需要高转速小转矩；轧制大工件时，需要低转速大转矩。显然，从生产加工工艺过程的总体看，该特性是恒功率负载特性，具体到每次加工，却还是恒转矩负载特性。

6.4.3 通风机、泵类负载

通风机、泵类负载的共同特点是负载转矩 T_L 与转速 n 的平方成正比，理想的通风类负载特性可表示为

$$T_L = kn^2 \tag{6-18}$$

负载特性如图 6-9 中曲线 T_L 所示。属于通风机负载的生产机械有离心式通风机、水泵、油泵和螺旋桨等，其中空气、水、油等介质对机器叶片的阻力基本上和转速的二次方成正比。

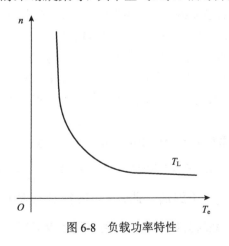

图 6-8 负载功率特性

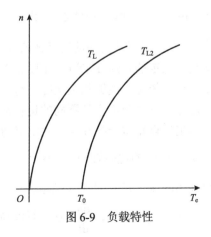

图 6-9 负载特性

事实上，上述三种负载转矩特性是经过理想化处理的，实际生产机械负载特性往往是由这几种典型负载特性组合而成的。例如，实际的鼓风机，除了主要具有通风机负载特性外，

如果考虑轴上的摩擦转矩 T_0（其为恒转矩负载特性），实际的负载转矩表达式为

$$T_L = T_0 + kn^2$$

实际转矩特性如图 6-9 中曲线 T_{L2} 所示。这条曲线可看成由恒转矩负载特性与通风机负载特性相叠加而成。

6.5　电力拖动系统的稳定运行条件

从前面的分析可知，对于多轴拖动系统，可把工作机构与传动机构合起来简化等效为一个单轴拖动系统。也就是，任何电力拖动系统，都可以简化成一个由电动机与负载两部分组成的单轴拖动系统。电动机的机械特性是指电动机电磁转矩与转速之间的关系，有数学式和机械特性曲线两种表达形式，不同的电动机具有不同的机械特性。所以在讨论电力拖动系统的稳定运行问题时，先假设电动机的机械特性为已知。

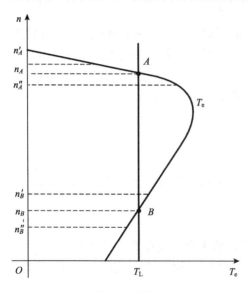

图 6-10　电力拖动系统的稳定运行分析

假设原来处于某一稳定转速下运行的一个电力拖动系统，由于实际运行系统经常会受到外界某种扰动，例如，电网电压的波动或负载的变化等，导致系统的转速发生变化而离开原来的平衡状态，如系统能在新的条件下达到新的平衡状态，或者当外界扰动消失后能自动恢复到原来的转速下继续运行，就称该系统是稳定的；当外界扰动消失后，系统的转速或是无限制地上升，或是一直下降到零，则称该系统是不稳定的。

图 6-10 给出了恒转矩负载特性和异步电动机机械特性的两个不同运行曲线的配合情况。下面以该图为例，分析电力拖动系统稳定运行的条件。

由电力拖动系统的运动方程(6-1)可得，系统稳定运行的必要条件是动态转矩 $T_e - T_L = 0$，转速恒定，n=常数，即 $T_e = T_L$。所以图 6-10 中，电动机机械特性和恒负载转矩特性的交点 A 或 B 都是系统运行的工作点。在 A 或 B 点处，均满足 $T_e = T_L$，且均具有恒定的转速 n_A 或 n_B，但是，当电力拖动系统在工作点上稳定运行时，如果忽然出现扰动，该系统是否能够稳定运行？待干扰消失后，该系统是否能够回到原来的工作点上继续稳定运行？下面分析它们不同的运行情况。

当工作点稳定运行在 A 点时，若系统扰动使转速获得一个微小的增量 Δn，转速由 n_A 上升到 n'_A，此时的电磁转矩 T_e 小于恒负载转矩 T_L，所以当扰动消失后，$T_e - T_L < 0$，$\dfrac{\mathrm{d}n}{\mathrm{d}t} < 0$，系统开始减速，直到回到 A 点运行。若扰动使转速 n_A 下降到 n''_A，此时的电磁转矩 T_e 大于负载转矩 T_L，$T_e - T_L > 0$，$\dfrac{\mathrm{d}n}{\mathrm{d}t} > 0$，所以当扰动消失后，系统开始加速，直到回到 A 点运行，由此可见工作点 A 是系统的稳定运行点。

当系统在 B 点运行时，若扰动使转速获得一个微小的增量 Δn，转速由 n_B 上升到 n'_B，此

时的电磁转矩 T_e 大于负载转矩 T_L，$T_e - T_L > 0$，$\dfrac{\mathrm{d}n}{\mathrm{d}t} > 0$，所以扰动消失后，系统也一直在加速，不可能回到 B 点稳定运行。若扰动使转速 n_B 下降到 n_B''，此时的电磁转矩 T_e 小于负载转矩 T_L，$T_e - T_L < 0$，$\dfrac{\mathrm{d}n}{\mathrm{d}t} < 0$，所以当扰动消失后，系统一直减速，直至停机，也不能回到 B 点运行，因此 B 点不是系统的稳定运行点。

通过以上分析可见，电力拖动系统在电动机机械特性与负载特性的交点上，并不一定能够稳定运行，也就是说，$T_e = T_L$ 仅仅是系统稳定运行的一个必要条件，而不是充分条件。所以，要使电动机与负载在特性曲线工作点上配合得好，电力拖动系统稳定运行的充分必要条件应是

$$T_e = T_L, \qquad \frac{\mathrm{d}T_e}{\mathrm{d}n} < \frac{\mathrm{d}T_L}{\mathrm{d}n} \tag{6-19}$$

6.6　电力拖动系统调速的基本概念

6.6.1　调速系统的基本概念

电力拖动系统中的许多生产机械，如各种机床、轧钢机、起重设备、车辆等，都有调速的要求，电动机调速是指在电力拖动系统中，人为地或自然地改变电动机的转速，以满足工作机械对不同转速的要求。电动机的调速一般有以下几种分类方法。

1. 无级调速和有级调速

无级调速是指电动机的转速可以平滑地调节。无级调速的转速变化均匀，适应性强，而且容易实现调速自动化，因此被广泛应用。异步电动机变频调速系统、直流发电机-电动机调速系统、晶闸管整流器-直流电动机调速系统等，都属于无级调速。

有级调速是指电动机的转速只有有限的几种，如双速、三速、四速等，有级调速方法简单方便，但转速范围有限，且不易实现自动化。异步电动机变极调速、直流电动机电枢电路串电阻调速等，都属于有级调速。

2. 恒转矩调速和恒功率调速

每台电动机都有一个确定的输出功率，即电动机的额定功率。它主要受到发热的限制，即主要受到额定电流的限制。电动机在调速过程中，保持其允许的工作电流不变，若该电动机电磁转矩恒定不变，则这种调速方法称为恒转矩调速方式。他励直流电动机电枢回路串电阻调速和改变电枢电源电压调速均属于恒转矩调速方式；如果保持其允许的工作电流不变，而且该电动机电磁功率恒定不变，则这种调速方法称为恒功率调速方式。他励直流电动机弱磁调速属于恒功率调速方式。

电动机输出功率的大小由负载决定，选择恒转矩调速或恒功率调速，均属负载的要求。例如，切削机床，精加工时，切削量小，工件转速高；粗加工时，切削量大，工件转速低，因此要求电动机具有恒功率调速特性。而起重机、卷扬机等则要求电动机具有恒转矩调速特性。

在选择调速方法时，应注意调速方法与负载匹配。电动机采用恒转矩调速方式时，如果拖动恒转矩负载运行，且电动机额定转矩与负载转矩相等，在任何转速下，电动机工作电流

恒等于额定电流，此时电动机被充分利用，恒转矩调速方式与恒转矩负载是相匹配的；电动机采用恒功率调速方式时，如果拖动恒功率负载运行，且电动机电磁功率与额定功率相等，无论在任何转速下，电动机工作电流恒等于额定电流，此时电动机也得到充分利用，恒功率调速方式与恒功率负载相匹配。

如果恒转矩调速方式的电动机拖动恒功率负载运行，假设电动机低速运行时，电动机额定转矩与负载转矩相等，电动机电枢电流等于额定电流，此时电动机被充分利用。然而，当系统高速运行时，由于负载恒功率不变，高速时负载转矩变小，电动机电磁转矩小于额定转矩。由于恒转矩调速时磁通不变，电磁转矩减小，电枢电流也减小，小于额定电流，此时电机得不到充分利用，为此称这种情况为电动机调速方式与拖动负载不匹配。

所以，当负载为恒功率性质时，应尽量采用恒功率调速方法，当负载为恒转矩性质时，也尽量采用恒转矩调速方法，这样既能满足生产机械要求，又能使电动机容量得到充分利用。

3. 向上调速和向下调速

按调速的方向性，可分为向上调速和向下调速。

通常把电动机带额定负载时的额定转速，称为基本转速或基速，也就是电动机未做调速时的固有转速。向着高于基速方向的调速称为向上调速，例如，直流电动机弱磁调速；而把向着低于基速方向上的调速称为向下调速，例如，直流电动机电枢串电阻调速。在某些机械上既要求向上调速，又要求向下调速，称为双向调速，如异步电动机变频调速等。

6.6.2　调速系统的主要性能指标

电动机调速系统的主要性能指标包括调速范围、静差率、调速平滑性、调速的经济性等。

1. 调速范围

调速范围是指电动机带额定负载调速时，最高转速 $n_{\max}$ 与最低转速 $n_{\min}$ 之比，用 D 表示，即

$$D = \frac{n_{\max}}{n_{\min}} \tag{6-20}$$

由于电动机最高转速受电动机的换向及机械强度限制，最低转速受转速相对稳定性（即静差率）要求的限制，因此，不同生产机械要求的调速范围不同，不同类型的电动机及调速方案所能达到列的 D 值也不同。车床 $D=20\sim120$，龙门刨床 $D=10\sim400$，机床的进给机构 $D=5\sim200$，轧钢机 $D=3\sim12$，造纸机 $D=3\sim20$，精密机床则可达几百，甚至高达几千，而风机、水泵类的 D 只需 $2\sim3$。为满足不同生产机械对调速的需要，调速系统的调速范围必须大于生产机械所需的调速范围。

2. 静差率

当负载转矩变化时，电动机的转速会发生相应的变化，这种速度的变化程度用静差率来反映。静差率是指当电动机在某一机械特性上工作时，负载转矩由空载增加到额定负载时的转速降 Δn 与对应的空载速 n_0 的比值，通常用 δ 来表示，即

$$\delta = \frac{n_0 - n}{n_0} \times 100\% = \frac{\Delta n}{n_0} \times 100\% \tag{6-21}$$

式中，n_0 为电动机的理想空载转速；n 为电动机带额定负载转矩时的转速；Δn 为电动机的转速降。

由式(6-21)可看出，在 n_0 相同的情况下，机械特性越硬，额定负载所对应的转速降 Δn 越小，静差率越小，转速的相对稳定性越好，负载波动时，转速变化也越小。图 6-11 中机械特性 1 比机械特性 2 硬，所以 $\delta_1 < \delta_2$。静差率除了与机械特性硬度有关，还与理想空载转速 n_0 成反比。同样硬度特性 1 和硬度特性 3，虽然转速降相同，即 $\Delta n_1 = \Delta n_3$，但 $\delta_1 = \dfrac{\Delta n_1}{n_0} < \delta_3 = \dfrac{\Delta n_3}{n_0'}$。由此可见，要求的调速范围越大，就越容易满足静差率的要求。

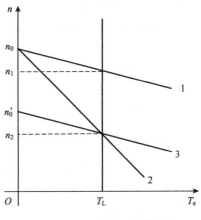

图 6-11　不同转速时的静差率

静差率越小，电动机的相对稳定性就越高。不同生产机械对静差率要求不同，一般生产机械要求 δ 取 30%~40%，精度高的生产机械要求 $\delta<0.1\%$。

必须注意，调速范围 D 与静差率 δ 两项性能指标是互相制约的，当采用同一种方法调速，静差率要求较低时，可以得到较宽的调速范围；反之静差率要求较高时，调速范围窄。如果静差率一定，不同的调速方法，调速范围不同。因此，对于需要调速的生产机械，必须同时给出调速范围和静差率两项指标，以便选择适当的调速方法。

3. 调速平滑性

电动机在调速范围内所得到的调速级数越多，调速越平滑。速度的平滑性用平滑系数 φ 来描述，其定义为相邻两级转速之比，即

$$\varphi = \frac{n_i}{n_{i-1}} \tag{6-22}$$

式中，n_i 为电动机在 i 级时的转速；n_{i-1} 电动机在 $i-1$ 级时的转速。

平滑系数 φ 越接近 1，调速的平滑性就越好。$\varphi = 1$ 时为无级调速，调速的平滑性最好。调速不连续，级数有限，为有级调速。机床的平滑系数一般取为 1.26、1.41、1.58。

4. 调速的经济性

调速的经济性主要用调速系统的设备初投资、调速运行中的能量损耗及设备维修费用等来衡量。

本　章　小　结

本章在了解电力拖动系统组成和类型的基础上，主要研究电动机和生产机械之间的关系，具体表现在电磁转矩与负载转矩的关系上，用电力拖动运动方程表示为

$$T_e - T_L = \frac{GD^2}{375} \frac{dn}{dt}$$

电力拖动系统的运动有三种运行状态：当 $T_e > T_L$ 时，系统处于加速过程；当 $T_e < T_L$ 时，系统处于减速过程；当 $T_e = T_L$ 时，系统处于稳速运行或静止状态。

本章研究了电力拖动系统中旋转转矩、平移转矩和升降转矩三种基本负载转矩的折算方法以及其飞轮矩的折算方法，其方法是把工作机构的转矩、飞轮矩折算到电动机轴上，电动机和生产机械就成为同速、同轴连接的简化系统。转矩折算遵循折算前后功率不变的原则；

飞轮矩折算遵循折算前后的动能不变的原则。

电力拖动系统典型的负载特性有恒转矩负载特性、恒功率负载特性、通风机和泵类负载特性。恒转矩负载特性指负载转矩恒定不变,与转速无关。按恒转矩负载的方向是否随运动方向变化又分为反抗性和位能性负载特性;恒功率负载特性负载转矩与转速成反比;通风机和泵类负载特性指负载转矩与转速的平方成正比。

通过把电动机的机械特性和负载转矩特性绘制在同一幅图,分析两个特性交点的稳态性。电力拖动系统稳定运行的充分必要条件是 $T_e = T_L$, $\dfrac{\mathrm{d}T_e}{\mathrm{d}n} < \dfrac{\mathrm{d}T_L}{\mathrm{d}n}$。

电力拖动系统调速定义了无级调速和有级调速,恒转矩调速方式与恒功率调速方式,向上调速、向下调速、双速调节、基速等基本概念。电力拖动系统的性能指标规定了调速范围、静差率、调速平滑性和调速经济性。

习　题

6-1　什么是电力拖动系统?电力拖动系统由哪些部分组成?试举例说明。

6-2　负载机械特性与电动机机械特性的交点的物理意义是什么?电力拖动系统在两条特性的交点上是否能稳定运行?电力拖动系统稳定运行的充分必要条件是什么?

6-3　从运动方程式怎样看出系统处于加速、减速、稳定、静止各种工作状态?

6-4　负载转矩和飞轮矩折算的原则是什么?旋转、平移和升降运动负载转矩和飞轮矩的折算有何异同?

6-5　电动机拖动金属切削机床切削金属时,传动机构的损耗由电动机还是负载承担?

6-6　起重机提升重物与下放重物时,传动机构损耗由电动机还是重物负担?提升或下放同一重物时,传动机构损耗的转矩一样大吗?传动机构的效率一样高吗?

6-7　电动机的调速指标有哪些?是如何定义的?

6-8　图 6-3 所示的三轴拖动系统,已知电动机轴上 $GD_d^2 + GD_1^2 = 981\mathrm{N}\cdot\mathrm{m}^2$,$n=900\mathrm{r/min}$,中间传动轴上 $GD_2^2 + GD_3^2 = 784.8\mathrm{N}\cdot\mathrm{m}^2$,$n_1 = 300\mathrm{r/min}$;生产机械轴上 $GD_4^2 + GD_g^2 = 6278.4\mathrm{N}\cdot\mathrm{m}^2$,$n_g = 60\mathrm{r/min}$。试求折算到电动机轴上的飞轮矩。

6-9　一台刨床传动机构如题 6-9 图所示,各级传动齿轮及运动体的数据见题 6-9 表,已知电动机的转速 $n=318\mathrm{r/min}$,刨床的切削力 $F_g = 10000\mathrm{N}$,切削速度 $v_g = 0.67\mathrm{m/s}$,工作台与导轨的摩擦因素 $\mu = 0.1$,传动机构的效率 $\eta_c = 0.8$,由垂直方向切削力所引起的工作台与导轨间的摩擦损失可略去不计。试计算:(1)折算到电动机轴上的总飞轮矩和负载转矩;(2)切削时电动机的输出功率。

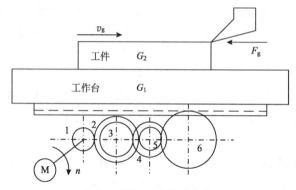

题 6-9 图　刨床传动机构

题 6-9 表　刨床传动齿轮机构数据

代号	名称	齿数	飞轮矩/(N·m²)	重量/N	转速/(r/min)
1	齿轮	28	8.25		
2	齿轮	55	40.20		
3	齿轮	38	19.80		
4	齿轮	64	56.80		
5	齿轮	30	37.30		
6	齿轮	78	137.2		
G_1	工作台			15000	
G_2	工件			8800	
M	电动机		240		318

6-10　某起重机的传动机构如题 6-10 图所示，图中各部件的数据见题 6-10 表。已知吊起重物的速度 $v_g =$ 0.2m/s，传动机构的效率为 $\eta_c = 0.75$，试求折算到电动机轴上的总飞轮矩和负载转矩。

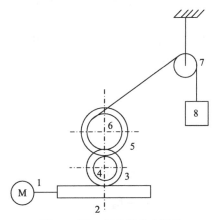

题 6-10 图　起重机传动机构

题 6-10 表　起重机传动齿轮机构数据

代号	名称	飞轮矩/(N·m²)	重量/N	转速/(r/min)
1	电动机	8.25		975
2	蜗杆	0.98		975
3	涡轮	17.06		65
4	齿轮	3.00		65
5	齿轮	296.30		15
6	卷筒	98.20		15
7	导轮	3.93		5
8	重物		21000	

6-11　一台他励直流电动机的平行调速特性如图 6-11 所示，已知额定转速 n_N=2000r/min，Δn=130r/min，要求静差率 δ<30%，求其允许的调速范围 D。

第7章 直流电动机的电力拖动

【本章要点】本章主要讲述他励直流电动机的机械特性；他励直流电动机的起动、调速和制动性能。

本章要求学生掌握他励直流电动机的机械特性，能绘制固有机械特性曲线和人为机械特性曲线；重点掌握他励直流电动机拖动系统的起动、制动、调速运行基本规律。

直流电动机起动转矩大、调速性能好、制动控制方便等特点使其在工业等应用领域中仍有广泛应用。在四种直流电动机中，他励直流电动机应用最广泛，本章将重点讨论他励直流电动机的拖动，对其他直流电动机的应用只作简要说明。

7.1 他励直流电动机的机械特性

在他励电动机中，当 U、Φ 为常数并且电枢电路不串联任何电阻时，电动机的电磁转矩 T_e 与转速 n 的关系称为电动机的机械特性。

7.1.1 机械特性方程式

由基本公式

$$T_e = C_T \Phi I_a \tag{7-1}$$

$$E_a = C_e \Phi n \tag{7-2}$$

$$U = E_a + I_a R_a \tag{7-3}$$

得他励直流电动机的机械特性一般表达式为

$$n = \frac{U}{C_e \Phi} - \frac{R_a}{C_T C_e \Phi^2} T_e = n_0 - \beta T_e \tag{7-4}$$

随着转矩的增加，机械特性是一条向下倾斜的直线。其中，$n_0 = \dfrac{U}{C_e \Phi}$ 称为理想空载转速。实际上，电动机总存在空载制动转矩，靠电动机本身的作用是不可能使其转速上升到 n_0 的，"理想"的含义就在这里。$\beta = \dfrac{R_a}{C_T C_e \Phi^2}$ 称为机械特性的斜率，为了衡量机械特性的平直程度，引进机械特性硬度 γ 的概念，其定义为

$$\gamma = \frac{dT}{dn} = \frac{\Delta T}{\Delta n} \times 100\% = \frac{1}{\beta} \tag{7-5}$$

通常称 β 值大的机械特性为软特性，即在电力拖动系统中，如果系统受外界干扰导致负载转矩增大或减小，对系统转速产生的影响大，则系统的抗干扰能力弱；β 值小的机械特性为硬特性，即在电力拖动系统中，如果系统受外界干扰导致负载转矩增大或减小，对系统转

速产生的影响小，则系统抗干扰能力强。对于一个恒速运行的系统，我们总希望 β 值越小越好。

当 U、I_f 保持额定值，并且电枢电路中无外接电阻时的机械特性称为固有机械特性，否则称为人为机械特性。

7.1.2 固有机械特性曲线

当 U、I_f 保持为额定值，并且电枢电路中无外接电阻时，由式 (7-4) 得他励直流电动机的固有机械特性曲线如图 7-1 所示。

由于电枢内阻 R_a 很小，当转矩增加时，转速下降很少，所以机械特性的斜率 β 很小，固有特性为硬特性。

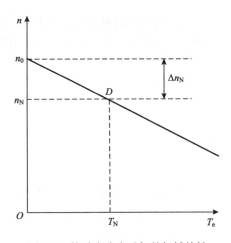

图 7-1 他励直流电动机的机械特性

固有特性上的 D 点代表电动机的额定状态，这时电动机的电压、电流、功率和转速都等于铭牌标注的额定值，额定状态说明了电机的长期运行能力。

直流他励电动机的固有机械特性曲线可以根据电动机的铭牌数据来绘制。

两点决定一条直线，只要设法求得特性 (图 7-1) 上的两点，一般选择理想空载点 ($T=0$，n_0) 和额定运行点 (T_N，n_N) 较为方便，n_N 是已知的，只要求得 n_0 和 T_N。

（1）求 n_0

$$n_0 = \frac{U}{C_e \Phi} \tag{7-6}$$

$$C_e \Phi_N = \frac{E_N}{n_N} = \frac{U_N - I_N R_a}{n_N} \tag{7-7}$$

式中，R_a 可用下式估算：

$$R_a = \left(0.50 \sim 0.75\right)\left(1 - \frac{P_N}{U_N I_N}\right)\frac{U_N}{I_N} \tag{7-8}$$

（2）求 T_N

$$T_N = 9.55 \frac{P_N}{n_N} \tag{7-9}$$

7.1.3 人为机械特性

他励直流电动机的参数如电压、励磁电流、电枢回路电阻大小等改变后，其机械特性称为人为机械特性。人为机械特性主要有以下三种。

1. 电枢串电阻时的人为机械特性

电枢加额定电压 U_N，励磁电流为额定值 I_{fN}，电枢回路串入电阻 R_{ad} 后，机械特性表达式为

$$n = \frac{U_N}{C_e \Phi_N} - \frac{R_a + R_{ad}}{C_T C_e \Phi_N^2} T_e \tag{7-10}$$

与固有机械特性相比，电枢回路串接电阻 R_{ad} 时的人为机械特性的特点：n_0 不变，斜率随 R_{ad} 的增大而增大，转速降 Δn 也随串联电阻增大而增加，即机械特性变软。R_{ad} 越大，特性越软。在不同的 R_{ad} 值时，可得一簇由理想空载转速 n_0 出发的直线，如图 7-2 所示。

2. 改变电压时的人为机械特性

保持每极磁通为额定值不变，电枢回路不串电阻，只改变电枢电压时，机械特性表达式为

$$n = \frac{U}{C_e \Phi_N} - \frac{R_a}{C_T C_e \Phi_N^2} T_e \tag{7-11}$$

与固有机械特性相比，改变电源电压 U 时的人为机械特性的特点：理想空载转速 n_0 随电源电压 U 的降低而成比例降低；斜率 β 保持不变，特性的硬度不变。图 7-3 所示的是不同电压 U 时的一组人为机械特性，该特性为一组平行直线。根据式(7-11)可以画出改变电源电压 U 时的人为机械特性如图 7-3 所示。对于相同的电磁转矩，转速 n 随 U 的减小而减小。应注意：由于受到绝缘强度的限制，电压只能从额定值 U_N 向下调节。

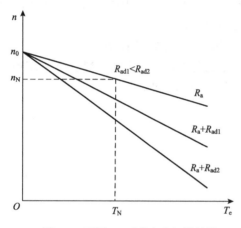

图 7-2　不同 R_{ad} 时的人为机械特性

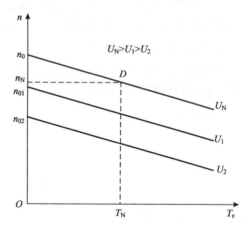

图 7-3　改变电压时的人为机械特性

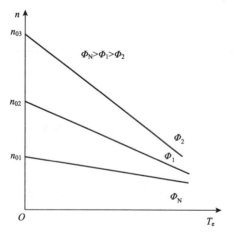

图 7-4　改变磁通 Φ 时的人为机械特性

3. 改变磁通 Φ 时的人为机械特性

一般他励直流电动机在额定磁通 Φ_N 下运行时，电机已接近饱和。改变磁通只能在额定磁通以下进行调节。此时 $U = U_N$，电枢不串接电阻、减弱磁通时的人为机械特性方程为

$$n = \frac{U_N}{C_e \Phi} - \frac{R_a}{C_T C_e \Phi^2} T_e \tag{7-12}$$

根据式(7-12)可以画出改变磁通 Φ 时的人为机械特性如图 7-4 所示。

与固有机械特性相比，减弱磁通 Φ 时的人为机械特性的特点：理想空载点 $n_0 = \dfrac{U}{C_e \Phi}$ 随磁通 Φ 减弱而升高；斜率 β 与磁通 Φ^2 成反比，减弱磁通 Φ，使斜

率 β 增大，特性变软。图 7-4 所示为减小磁通时的一组人为机械特性，该特性随磁通 Φ 的减弱，理想空载转速 n_0 升高，曲线斜率变大。

显然，在实际应用中，同时改变两个甚至三个参数时，人为机械特性同样可根据特性方程得到。

4. 人为机械特性的绘制

只需将相应的参数值代入人为机械特性方程式，即可计算并绘制各种人为机械特性。

【例 7-1】　一台他励直流电动机的铭牌数据为 P_N =5.5kW，$U_N = 110$V，$I_N = 62$A，$n_N = 1000$r/min，求：(1)固有特性；(2)固有特性的斜率和硬度。

解　(1)固有特性

$$T_N = 9.55\frac{P_N}{n_N} = 9.55 \times \frac{5.5 \times 10^3}{1000} = 52.53(\text{N} \cdot \text{m})$$

由于

$$R_a = (0.50 \sim 0.75)\left(1 - \frac{P_N}{U_N I_N}\right)\frac{U_N}{I_N}$$

为了简化计算，在 $(0.5 \sim 0.75)$ 中选取 0.5 进行计算

$$R_a = 0.50 \times \left(1 - \frac{5.5 \times 10^3}{110 \times 62}\right) \times \frac{110}{62} = 0.17(\Omega)$$

$$C_e\Phi_N = \frac{U_N - I_N R_a}{n_N} = \frac{110 - 62 \times 0.17}{1000} = 0.10$$

$$n_0 = \frac{U}{C_e\Phi} = \frac{110}{0.10} = 1100(\text{r/min})$$

连接 $(T=0,\ n_0)$ 和 $(T_N,\ n_N)$ 点即可得到固有特性。

(2)固有特性的斜率

$$\beta = \frac{R_a}{C_T C_e\Phi^2} = \frac{0.17}{9.55 \times 0.10^2} = 1.78$$

固有特性的硬度

$$\gamma = \frac{1}{\beta} = \frac{1}{1.78} = 0.56$$

7.2　他励直流电动机的起动

7.2.1　他励直流电动机的起动方法

电动机从接入电源开始转动，到达稳定运行的全部过程称为起动过程或起动。电动机在起动的瞬间，转速为零，此时的电枢电流称为起动电流，用 I_{st} 表示。对应的电磁转矩称为起动转矩，用 T_{st} 表示。

对直流电动机的起动要求主要有两条：一是起动转矩 T_{st} 足够大，要能够克服起动时的摩擦转矩和负载转矩，否则电动机就转不起来；二是起动电流不可太大，起动电流太大，会对

电源及电机产生有害的影响。一般限制在一定的允许范围之内，一般为$(1.5\sim2)I_N$。

而直流电动机若直接起动，因为起动开始时，$n=0$，$E_a=0$，起动电流$I_{st}=U/R_a$，由于R_a很小可能达到额定电流的十多倍，换向严重恶化，冲击转矩也易损坏传动机构。由此可见，除了额定功率在数百瓦以下的微型直流电动机，因电枢绕组导线细，电枢电阻大，转动惯量较小可以直接起动外，一般的直流电动机是不允许采用直接起动的。

为此应设法限制电枢电流不超过额定电流的1.5~2倍。起动方法有两种：一是降压起动，二是电枢回路中串电阻起动。

1. 降压起动

降压起动，即起动前将施加在电动机电枢两端的电压降低，以限制起动电流，为了获得足够大的起动转矩。起动电流通常限制在$(1.5\sim2)I_N$，则起动电压应为

$$U_{st} = I_{st}R_a = (1.5\sim2)I_N R_a \tag{7-13}$$

在起动过程中，为保证有足够大的起动转矩，需使I_{st}保持在$(1.5\sim2)I_N$范围内，电源电压U必须不断升高，直到电压升至额定电压，电动机进入稳定运行状态，起动过程结束。这种方法需要有一个可改变电压的直流电源专供电枢电路使用。

降压起动的优点：在起动过程中能量损耗小，起动平稳，便于实现自动化，但需要一套可调节电压的直流电源，增加了设备投资。

2. 电枢回路串电阻起动

电枢回路串电阻起动时，电源电压为额定值且恒定不变，在电枢回路中串接起动电阻R_{st}，达到限制起动电流的目的。电枢回路串电阻起动时的起动电流为

$$I_{st} = \frac{U_N}{R_a + R_{st}} \tag{7-14}$$

在电枢回路串电阻起动的过程中，应相应地将起动电阻逐级切除，这种起动方法称为电枢串电阻分级起动。因为在起动过程中，如果不切除电阻，随着转速的增加，电枢电动势增大，使起动电流下降，相应的起动转矩也减小，转速上升缓慢，使起动过程时间延长，且起动后转速较低。如果把起动电阻一次全部切除，又会引起过大的电流冲击。

以三级起动为例，说明电枢串电阻分级起动的过程。图7-5表示他励直流电动机电枢串电阻分三级起动时的接线图。

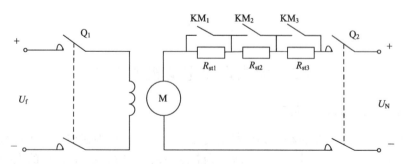

图7-5　他励直流电动机电枢串电阻分级起动

当合上Q_1开关，电动机励磁回路通电后，合上Q_2开关，其他接触器触点（KM_1，KM_2，KM_3）断开，此时电枢和三段电阻R_{st1}、R_{st2}及R_{st3}串联，即$R_3=R_a+R_{st1}+R_{st2}+R_{st3}$接上额定电

压，起动电流为

$$I_{st1} = \frac{U_N}{R_a + R_{st1} + R_{st2} + R_{st3}} = \frac{U_N}{R_3} \tag{7-15}$$

由起动电流 I_{st1} 产生起动转矩 T_{st1}，如图 7-6 所示。图中同时表示了他励直流电动机分三级起动时的机械特性。

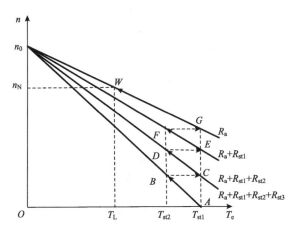

图 7-6　他励直流电动机电枢串电阻分级起动的人为机械特性

由图 7-6 可见，由于 $T_{st1} > T_L$，电动机开始起动，转速上升，感应电动势增大，电枢电流减小，转矩下降，电机的工作点从 A 点沿特性 $\overline{AB}$ 上移，加速逐步变小。为了得到较大的加速，到 B 点 KM_3 闭合，电阻 R_{st3} 被切除，电枢总电阻为 $R_2 = R_a + R_{st1} + R_{st2}$，$B$ 点的电流 I_{st2} 为切换电流。电阻 R_{st3} 切除后，电机的机械特性变成直线 $\overline{CDn_0}$。电阻切除瞬间，由于机械惯性，转速不能突变，电动势 E_a 也保持不变，因而电流将随 R_{st3} 的切除而突增，转矩也按比例增加，电机的工作点从 B 点过渡到特性 $\overline{CDn_0}$ 上的 C 点。如果电阻设计恰当，可以保证 C 点的电流与 I_{st1} 相等，电机产生的转矩 T_{st1} 保证电机又获得较大的加速度。转速继续上升，感应电动势进一步增大，电枢电流又减小，转矩又下降，电机由 C 点加速到 D 点时，再闭合 KM_2，切除 R_{st2}，电枢总电阻为 $R_1 = R_a + R_{st1}$。运行点由 D 点过渡到特性 $\overline{EFn_0}$ 上的 E 点，电动机的电流又从 I_{st2} 回升到 I_{st1}，转矩由 T_{st2} 增至 T_{st1}。电机由 E 点加速到 F 点时，KM_1 闭合，切除电阻 R_{st1}，电枢电阻为 R_a，运行点由 F 点过渡到固有特性上的 G 点，电动机的电流再一次从 I_{st2} 回升到 I_{st1}，转矩由 T_{st2} 增至 T_{st1}，拖动系统继续加速到 W 点稳定运行，起动过程结束。

必须指出，分级起动时要使每一级的 I_{st2}（或 T_{st2}）与 I_{st1}（或 T_{st1}）大小一致，这样可以使电机有较均匀的加速度，并能改善电动机的换向，缓和转矩对传动机构与生产机械的有害冲击。一般取起动转矩 $T_{st1} = (1.5 \sim 2) T_N$，$T_{st2} = (1.1 \sim 1.3) T_N$。相应的起动电流 I_{st2}、I_{st1} 也是额定电流的相同倍数。

怎样选择起动电阻使起动过程满足上述要求呢？他励直流电动机起动电阻的计算步骤如下。

(1) 选择起动电流 I_{st1}、I_{st2} 和起动转矩 T_{st1}、T_{st2}。取 $I_{st1} = (1.1 \sim 1.3) I_N$，$I_{st2} = (1.5 \sim 2.0) I_N$，则 $T_{st1} = (1.1 \sim 1.3) T_N$，$T_{st2} = (1.5 \sim 2.0) T_N$。

(2) 求出起动电流(转矩)比

$$\beta = \frac{I_{st1}}{I_{st2}} = \frac{T_{st1}}{T_{st2}} \tag{7-16}$$

(3) 确定起动级数 m

$$m = \frac{\lg \dfrac{R_m}{R_a}}{\lg \beta} \tag{7-17}$$

式中，R_m 是 m 级起动时的电枢总电阻，即

$$R_m = \frac{U_N}{I_{st}} \tag{7-18}$$

该公式的推导如下：

由于 $n_B = n_C$，故有 $E_B = E_C$。

在 B 点　　　　　　$$I_{st2} = \frac{U - E_B}{R_3}$$

在 C 点　　　　　　$$I_{st1} = \frac{U - E_C}{R_2}$$

两式相除，得

$$\frac{I_{st1}}{I_{st2}} = \frac{R_3}{R_2}$$

同样，由 D 点和 E 点，可得

$$\frac{I_{st1}}{I_{st2}} = \frac{R_2}{R_1}$$

故有

$$\frac{I_{st1}}{I_{st2}} = \frac{R_3}{R_2} = \frac{R_2}{R_1} = \frac{R_1}{R_a} \tag{7-19}$$

推广到 m 级，有

$$\frac{I_{st1}}{I_{st2}} = \frac{R_m}{R_{m-1}} = \frac{R_{m-1}}{R_{m-2}} = \cdots = \frac{R_1}{R_a} \tag{7-20}$$

令 $\beta = \dfrac{I_{st1}}{I_{st2}} = \dfrac{T_{st1}}{T_{st2}}$ 为起动电流比(起动转矩比)，则得各级电枢电路总电阻的计算公式：

$$\begin{cases} R_1 = \beta R_a \\ R_2 = \beta R_1 = \beta^2 R_a \\ \quad\vdots \\ R_m = \beta R_{m-1} = \beta^m R_a \end{cases} \tag{7-21}$$

可见

$$\beta = \sqrt[m]{\frac{R_m}{R_a}} \tag{7-22}$$

如果给定 β，需求 m，则

$$m = \frac{\lg \dfrac{R_m}{R_\mathrm{a}}}{\lg \beta} \qquad (7\text{-}23)$$

如需求分段电阻值，由前面的公式可得

$$\begin{cases} R_{\mathrm{st}1} = R_1 - R_\mathrm{a} = (\beta - 1)R_\mathrm{a} \\ R_{\mathrm{st}2} = R_2 - R_1 = \beta R_{\mathrm{st}1} \\ \quad\vdots \\ R_{\mathrm{st}m} = R_m - R_{m-1} = \beta R_{\mathrm{st}(m-1)} \end{cases} \qquad (7\text{-}24)$$

计算分级起动电阻，有以下两种情况。

(1)起动级数 m 未定。初选 β 求 m，将 m 取为整数后再重新计算 β，最后计算各级电阻或分段电阻。

(2)起动级数 m 已定。选定 $I_{\mathrm{st}1}$ 计算 β，再计算各级电阻或分段电阻。

电枢回路串电阻分级起动能有效地限制起动电流，起动设备简单、操作简便，广泛应用于各种中、小型直流电动机。但在起动过程中能量消耗大，不适用于经常起动的大、中型直流电动机。

7.2.2 他励直流电动机的反转——反向电动机运行

他励直流电机做反向电动机运行时，必须改变电磁转矩的方向。根据左手定则，电磁转矩的方向由磁场方向和电枢电流的方向决定，所以，只要将磁通 $\varPhi$ 和电枢电流 I_a 中任意一个参数的方向改变，电磁转矩即改变方向。所以他励直流电机做反向电动机运行时，其电磁转矩方向改变，即 $T_\mathrm{e} < 0$，$n < 0$，T_e 与 n 仍为同方向，T_e 仍然是拖动性转矩。在直流拖动系统中，通常采用改变电枢电压极性，即将电枢绕组反接，而保持励磁绕组两端的电压极性不变的方法实现反向电动机运行。

但在电动机容量很大时，对于反转速度要求不高的场合，则因励磁电路的电流和功率小，为了减小控制电器的容量，可采用改变励磁绕组极性的方法来实现电动机的反转。

7.3 他励直流电动机的调速

大量生产机械(如各种机床、轧钢机、造纸机、纺织机械等)的工作机构要求在不同的情况下以不同的速度工作，要求我们用人为的方法改变其速度，称为调速，这可用机械方法、电气方法或机械电气配合的方法。图 7-7 所示的直流他励电动机的特性曲线 1 与特性曲线 2，在负载转矩一定时，电动机工作在特性曲线 1 上的 A 点上，以 n_A 的转速稳定运行，若人为地增加电枢电路的电阻，则电动机将降速至特性曲线 2 上的 B 点，以 n_B 的转速稳定运行。这种转速的变化是通过人为调节电枢电路的电阻实现的。

速度调节与速度变化是两个不同的概念。速度变化是指由电动机负载转矩发生变化(增大或减小)而引起的电动机转速变化(下降或上升)，如图 7-8 所示，当负载转矩由 $T_{\mathrm{L}1}$ 增加到 $T_{\mathrm{L}2}$ 时，电动机的转速由 n_A 降低到 n_B，它是沿一条机械特性曲线发生的转速变化。而速度调

节则是在某一特定的负载转矩下，人为地改变电路参数来实现其机械特性的改变。

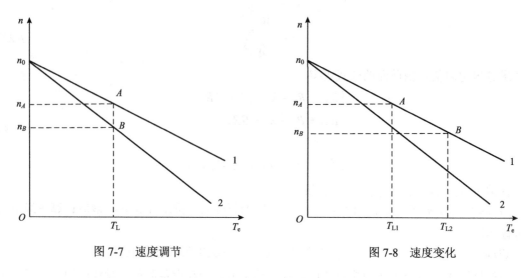

图 7-7　速度调节　　　　　　　　　　　　　　图 7-8　速度变化

　　电气调速是指在负载转矩不变的条件下，通过人为的方法改变电动机的有关电路参数，从而调节电动机和整个拖动系统的转速。从他励直流电动机的机械特性方程 $n = \dfrac{U}{C_e \Phi} - \dfrac{R_a}{C_T C_e \Phi^2} T_e$ 可以看出，直流他励电动机电气调速的方法有三种：电枢回路串电阻调速、降压调速和弱磁调速。

7.3.1　改变电枢电阻调速

　　电枢回路串电阻调速的原理电路如图 7-9 所示，在电枢回路串联一个调速变阻器。保持 $U=U_N$，$\Phi=\Phi_N$，电枢回路串入适当大小的电阻 R_{ad}，从而调节转速。其原理可从图 7-10 所示的机械特性上看出。人为改变调速变阻器的阻值，即可改变直流他励电动机的转速。

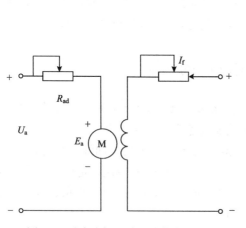

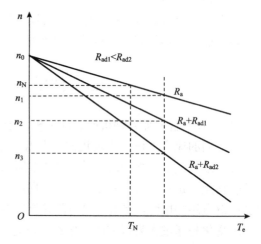

图 7-9　改变电枢回路调速的电路图　　　　　　图 7-10　改变电枢回路的电阻调速

从电路结构看，虽然该电路与电枢回路串电阻起动的电路相同，但是，起动变阻器是供短时使用的，而调试变阻器是供直流电机长期使用的，因此对一台给定的直流他励电动机来说，不能将起动变阻器作为调速变阻器来使用。

串电阻调速机械特性的机电变化过程为：当电枢电阻增加的瞬间，由于机械惯性，电动机的转速 n 不会突变，则感应电动势 E_a 能突变，根据电枢回路平衡方程 $U = E_a + I_a R_a$ 可知，电枢电流 I_a 将减小，则电磁转矩 T_e 将减小，小于负载转矩，破坏其动态平衡，产生小于零的动态转矩，从而电动机的转速 n 将降低，而转速降低将使感应电动势减小，电枢电流又会增加，电磁转矩在降速时又会增加，直到其又增加到与负载转矩相平衡时为止。此时电机又会稳速运行，但此时速度已降低，要注意的是若负载转矩不变，则调速前后电磁转矩不变，电枢电流也不变。电枢电路串入的电阻越大，转速降低得越多。

这种调速方法的调速特点如下：

(1) 只能将转速往下调。

(2) 调速的平滑性取决于调速变阻器的调节方式。若能均匀调节变阻器的阻值，可以实现无级调速，若变阻器为分级调节，则为有级调速。

(3) 调速的稳定性差，因为电阻增加后，机械特性的硬度变低，静差率明显增大。

(4) 调速的经济性差，虽然初期投资不大，但运行时随着电阻的增加损耗将增大，运行效率较低。

(5) 受低速时静差率的限制，调速范围不大。

(6) 调速时允许的负载为恒转矩负载，因为调速时 Φ 基本不变，满载电流即额定电流一定，所以各种转速下允许输出的转矩不变，此时调速为恒转矩调速。

总之，这种调速方法性能较差，只适用于容量不大，低速运行时间不长，对调速性能要求不高的场合。

【例 7-2】　一台直流他励电动机，其额定数据如下：$P_N = 2.2\text{kW}$，$U_N = 220\text{V}$，$I_N = 12.4\text{A}$，$n_N = 1500\text{r/min}$，$R_a = 1.7\Omega$，在额定转速下运行，现采用改变电枢电路电阻的方式调速，当调速变阻器阻值为 2Ω 时，电动机的转速为多少？

解　运用他励直流电动机的机械特性方程 $n = \dfrac{U}{C_e \Phi} - \dfrac{R_a}{C_T C_e \Phi^2} T_e$ 即可求转速。

电机的额定转矩为

$$T_N = 9.55 \frac{P_N}{n_N} = 9.55 \times \frac{2.2 \times 10^3}{1500} = 14 (\text{N} \cdot \text{m})$$

此时，电枢电路总电阻为

$$R = R_a + R_{ad} = 1.7 + 2 = 3.7 (\Omega)$$

而

$$C_e \Phi_N = \frac{U_N - I_N R_a}{n_N} = \frac{220 - 12.4 \times 1.7}{1500} = 0.13$$

$$C_T \Phi_N = 9.55 C_e \Phi_N = 9.55 \times 0.13 = 1.24$$

所以

$$n = \frac{U}{C_e \Phi_N} - \frac{R}{C_T C_e \Phi_N^2} T_N = \frac{220}{0.13} - \frac{3.7}{0.13 \times 1.24} \times 14 = 1370 (\text{r/min})$$

7.3.2 降低电源电压调速

保持 $\Phi = \Phi_N$，降低电源电压 U，在一定负载转矩下，加上不同的电压 U_N、U_1、U_2，可以得到不同的转速从而达到调速的目的。其原理可以从图 7-11 所示的机械特性看出。

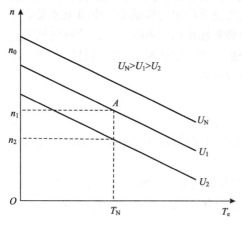

图 7-11　改变电枢电压调速

以电压由 U_1 降低到 U_2 为例，则降压调速的机械特性变化过程为：电压为 U_1 时，电动机工作在 U_1 特性的 A 点，稳定转速为 n_1，当电压突然降为 U_2 的瞬间，由于系统机械惯性的作用，转速不能突变，相应的反电动势 E_a 也不能突变，在不考虑电枢电路的电感时，根据电枢回路平衡方程可知，电枢电流 I_a 将减小，则电磁转矩 T_e 将减小，小于负载转矩，破坏其动态平衡，产生小于零的动态转矩，从而电动机的转速将降低，而转速降低将使反电动势减小，电枢电流又会增加，电磁转矩在降速时又会增加，直到其又增加到与负载转矩相平衡时为止。此时电机又会稳速运行，但此时速度已降低。

要注意的是若负载转矩不变，则稳定运行状态下的电磁转矩不变，电枢电流也不变。电枢电路电压降得越低，转速也变得越低。

这种调速方法的调速特点如下：

(1) 调速方向是往下调。

(2) 调速的平滑性好，只要均匀调节电枢电压就可以实现无级调速。

(3) 调速的稳定性较好，但随着电枢电压的减小，转速的降低，稳定性会变差，因为降低电压时，机械特性的硬度虽然不变，但是理想空载转速降低，静差率会逐渐增大。

(4) 调速的经济性虽然初期投资较大，需要专用的可调压直流电源，例如，采用单独的直流发电机或晶闸管可控整流电源等，但运行时费用不高。

(5) 调速范围较大。

(6) 调速时允许的负载为恒转矩负载，因为调速时 Φ 基本不变，满载电流即额定电流一定，所以各种转速下允许输出的转矩不变，此时调速为恒转矩调速。

这种调速方法的调速性能较好，因此广泛应用于对调速性能要求较高的中大容量拖动系统，如重型机床(龙门刨)、精密机床和轧钢机等。并且可以靠调节直流电源来降压起动直流电动机。

【例 7-3】　一台直流他励电动机，其额定数据如下：$P_N = 2.2$kW，$U_N = 220$ V，$I_N = 12.4$A，$n_N = 1500$r/min，$R_a = 1.7\Omega$，在额定转矩下运行，现采用改变电枢电压的方式调速，当电动机的电枢电压降低到 180V 时，电动机的转速为多少？

解　运用他励直流电动机的机械特性方程 $n = \dfrac{U}{C_e \Phi} - \dfrac{R_a}{C_T C_e \Phi^2} T_e$ 即可求转速。

电机的额定转矩为

$$T_N = 9.55 \frac{P_N}{n_N} = 9.55 \times \frac{2.2 \times 10^3}{1500} = 14(\text{N} \cdot \text{m})$$

$$C_e \Phi_N = \frac{U_N - I_N R_a}{n_N} = \frac{220 - 12.4 \times 1.7}{1500} = 0.13$$

$$C_T \Phi_N = 9.55 C_e \Phi_N = 9.55 \times 0.13 = 1.24$$

所以

$$n = \frac{U}{C_e \Phi_N} - \frac{R_a}{C_T C_e \Phi_N^2} T_e = \frac{180}{0.13} - \frac{1.7}{0.13 \times 1.24} \times 14 = 1237(\text{r/min})$$

7.3.3 改变励磁电流调速

保持 $U = U_N$，电枢回路不串联电阻，调节励磁电流使之减小，即减弱磁通，在一定负载
转矩下，不同的主磁通 Φ_N、Φ_1、Φ_2 可以得到不同的
转速，从而达到调速的目的。其原理可从图 7-12 所
示的机械特性看出。改变励磁电路的电阻或者改变励
磁绕组的电压都可以使励磁电流改变。前一方法可在
励磁电路串联一个可调变阻器，当变阻器电阻增加
时，励磁电流减小，主磁通也随之减小，如图 7-9 所
示；后一方法需要专用的可调压的直流电源，减小励
磁电压，则励磁电流与主磁通都随之减小。

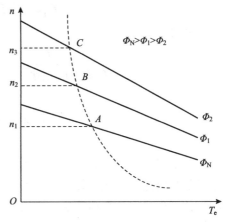

图 7-12 改变励磁电流调速

现以他励直流电动机拖动恒功率负载为例，在不
考虑励磁电路的电感时，弱磁调速的机械特性变化过
程如图 7-12 所示。降速时沿 $C \to B \to A$ 进行，即从稳
定转速 n_3 降至稳定转速 n_1；升速时沿 $A \to B \to C$ 进行，
即从稳定转速 n_1 升至稳定转速 n_3。显然，励磁电流越小，转速越高。

这种调速方法的调速特点如下：

(1) 调速方向是往上调，因为励磁电流不能超过其额定电流，所以只能减小励磁电流，
从而使主磁通减小，转速上升。

(2) 调速的平滑性好。只要均匀调节励磁电流的大小就可以实现无级调速。

(3) 调速的稳定性较好，虽然励磁电流降低时，机械特性的硬度变软，但是理想空载转
速升高，静差率不变。

(4) 调速的经济性较好，因为它是在功率较小的励磁电路内改变励磁电流的，功率损耗
小，运行费用低。

(5) 调速范围不大。受机械强度、电枢反应的去磁作用和换向能力的限制，最高转速一
般只能达到额定转速的 1.2～2 倍。

(6) 调速时允许的负载为恒功率负载，因为调速时电枢电压 U 和电枢电流 I_a 不变，即功
率 $P = UI_a$ 不变，此时调速为恒功率调速，而电动机的转矩要随着主磁通的减小而减小。

在对调速要求很高的电力拖动系统中通常是同时采用改变电枢电压和改变励磁电流两
种方法，从而可扩大调速范围，实现双向调速。

【例 7-4】 一台直流他励电动机拖动恒功率负载，其额定数据如下：P_N=2.2kW，U_N = 220 V，I_N = 12.4A，n_N = 1500r/min，R_a=1.7Ω，在额定转矩下运行，现采用改变励磁电流的方式调速，当电动机的励磁电流为额定励磁电流的 0.8 倍，即 $\Phi_1=0.8\Phi_N$ 时，电动机的转速为多少？

解 运用他励直流电动机的机械特性方程 $n = \dfrac{U}{C_e\Phi} - \dfrac{R_a}{C_T C_e \Phi^2}T_e$ 即可求转速。

电机的额定转矩为

$$T_N = 9.55\frac{P_N}{n_N} = 9.55 \times \frac{2.2\times10^3}{1500} = 14(\text{N}\cdot\text{m})$$

$$C_e\Phi_N = \frac{U_N - I_N R_a}{n_N} = \frac{220-12.4\times1.7}{1500} = 0.13$$

$$C_e\Phi = 0.8C_e\Phi_N = 0.8\times0.13 = 0.104$$

$$C_T\Phi = 9.55C_e\Phi_N = 9.55\times0.104 = 0.99$$

所以

$$n = \frac{U_N}{C_e\Phi} - \frac{R_a}{C_T C_e \Phi^2}T_N = \frac{220}{0.104} - \frac{1.7}{0.104\times0.99}\times14 = 1884(\text{r/min})$$

7.4 直流电动机的制动

在生产过程中，经常需要采取一些措施使电动机尽快停下来，或者从高速降到低速运行，或者限制位能性负载在某一转速下稳定运行，这就是电动机的制动问题。制动是与起动相对的一种工作状态，起动是从静止加速到某一稳定转速的一种运转状态，而制动则是从某一稳定转速减速到停止或是位能性负载下降速度的一种运转状态。电动机制动运行的主要特征是电磁转矩 T_e 的方向与转速 n 的方向相反。实现制动既可以采用机械的方法，也可以采用电磁的方法。电磁方法制动就是使电机产生与其旋转方向相反的电磁转矩，以达到使电力拖动系统快速减速或停车和匀速下放重物的目的。电磁制动的特点是产生的制动转矩大，操作控制方便。

电动机的制动与自然停车是两个不同的概念。自然停车时电动机脱离电源，依靠很小的摩擦阻转矩消耗机械能，使转速慢慢下降，直到转速为零而停车。这种停车过程需时较长，不能满足生产机械的要求。为了提高生产效率，保证产品质量，生产机械需要加快停车过程，实现准确停车等，从而要求电动机运行在制动状态，这个过程就是制动过程。

就能量转换的观点而言，电动机有两种运转状态，电动状态和制动状态，如图 7-13 所示。

电动状态是电动机最基本的工作状态，其特点是电动机输出转矩的作用方向与转速 n 的方向相同。由图 7-13（a）可知，当电动机提升重物匀速上升时，$T_e - T_L=0$，T_e 的作用方向与转速 n 的方向相同。此时电动机电磁转矩 T_e 为拖动转矩，T_L 为阻转矩，电动机的作用是将电能转换为机械能。故称电动机的这种状态为电动状态。

电动机也可工作在制动状态，其特点是电动机输出转矩的作用方向与转速 n 的方向相反。由图 7-13（b）可知，当电动机使重物匀速下降时，为使重物匀速下降，电动机必须产生与转速方向相反的转矩，以吸收或消耗重物的位能，否则重物由于重力作用，下降速度将越来越快。T_e 的作用方向与转速 n 的方向相反，此时，电动机的电磁转矩 T_e 为阻转矩，T_L 为拖动转矩，电动机的作用是吸收或消耗重物的机械能。故称电动机的这种工作状态为制动状态。又如，当生产机械由高速运转迅速降到低速运转或生产机械要求迅速停车时，也需要电动机产生与旋转方向相反的转矩。

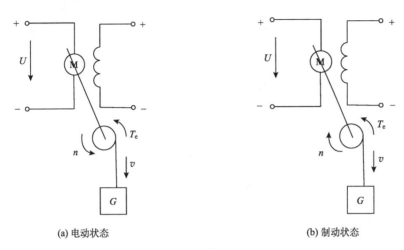

(a) 电动状态　　　　　　　　　　　　(b) 制动状态

图 7-13　直流电动机的工作状态

从上述分析可知，电动机的制动有两种形式：一是在卷扬机下放重物时为限制位能负载的运动速度，电动机的转速不变，以保持重物匀速下降，这属于稳定的制动状态；二是在降速或停车制动时，电动机的转速是变化的，这属于过渡的制动状态。

两种制动状态的区别在于转速是否变化。它们的共同点是，电动机产生的电磁转矩 T_e 与转速 n 方向相反，电动机工作在发电机运行状态，电动机吸收或消耗重物的机械能，并将其转化为电能反馈回电网或消耗在电枢电路的电阻上。

根据实现制动的方法和制动时电动机内部能量转换关系的不同，制动运行分为以下三种：能耗制动、反接制动和回馈制动。

7.4.1　能耗制动

1. 实现能耗制动的方法

能耗制动时将电枢从电源上断开，通过接触器 KM 断电，其常开触点断开，常闭触点闭合，接入制动电阻 R_{ad}。电枢由于惯性继续朝原来的方向旋转，切割磁场，磁通 Φ 和转速 n 的存在，使电枢绕组上继续有感应电动势 $E_a = C_e\Phi n$，方向与电动状态时相同，电动势 E_a 在电枢和制动电阻 R_{ad} 回路内产生电枢电流 I_a，该方向与电动状态下由电枢电源所决定的电枢电流方向相反，电磁转矩 $T_e = C_T\Phi I_a$ 随之反向，即 T_e 与 n 反向，这时由工作机械的机械能带动电机发电，使传动系统储存的机械能转变为电能通过附加电阻 R_{ad} 转化为热能消耗掉，故称为能耗制动，如图 7-14(a) 所示。

2. 能耗制动时的机械特性

由图 7-14(a) 可看出，制动时电压 $U = 0$，电动势 E_a、电流 I_a 仍为电动状态下假定的正方向，故能耗制动状态下的电动势平衡方程为

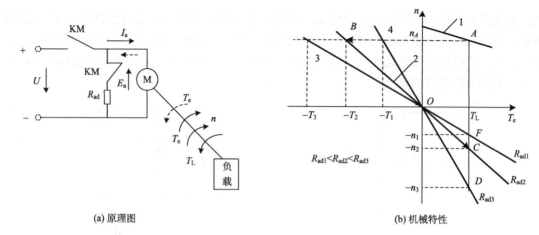

(a) 原理图　　　　　　　　　　　　　　　　　(b) 机械特性

图 7-14　能耗制动

$$E_a = -I_a(R_a + R_{ad}) \tag{7-25}$$

因 $E_a = C_e \Phi n$，$I_a = \dfrac{T_e}{C_T \Phi}$，故

$$n = -\frac{R_a + R_{ad}}{C_e C_T \Phi^2} T_e \tag{7-26}$$

其机械特性曲线见图 7-14(b) 中的直线 2，它是通过原点，且位于第二象限和第四象限的一根直线。

3. 能耗制动的分析

1) 能耗制动过程——迅速停车

如果电动机带动的是反抗性负载，它只具有惯性能量(动能)，能耗制动的作用是消耗掉传动系统储存的动能，使电动机迅速停车。其制动过程如图 7-14(b) 所示，设电动机原来运行在 A 点，转速为 n_A，刚开始制动时 n_A 不变，但制动特性为曲线 2，工作点由 A 点转到 B 点，这时电动机的转矩 T_e 为 $-T_2$(因此时在电动势的作用下，电枢电流反向)，是制动转矩，在制动转矩和负载转矩共同作用下，拖动系统减速。电动机工作点沿特性 2 上的箭头方向变化，随着转速 n 的下降，制动转矩也逐渐减小，直至 $n = 0$ 时，电动机产生的制动转矩也下降到零，制动作用自行结束。这种制动方式的优点之一是不存在电动机反向起动的危险。

能耗制动过程的效果与制动电阻 R_{ad} 的大小有关。R_{ad} 小，则 I_a 大，T_e 大，制动过程短，停车快。制动过程中的最大电枢电流，即工作于 B 点时的电枢电流 I_B 不得超过 $I_{a\,max}$，由图 7-14(b) 可知

$$I_B = \frac{E_B}{R_a + R_{ad}} \tag{7-27}$$

式中，$E_B = E_A$，是工作于 A 点和 B 点的电动势，由此求得

$$R_{ad} \geqslant \frac{E_B}{I_{a\,max}} - R_a \tag{7-28}$$

2) 能耗制动运行——下放重物

如果电动机拖动的是位能性负载，则在制动到 $n = 0$ 时，重物还将拖着电动机反转，使电

动机向下降的方向加速,即电动机进入第四象限的能耗制动状态,随着转速的升高,电动势 E_a 增加,电流和制动转矩也增加,系统的状态由能耗制动特性曲线 2 的 O 点向 C 点移动,当 $T_e=T_L$ 时,系统进入稳定平衡状态。电动机以转速 $-n_2$ 使重物匀速下降。采用能耗制动下放重物的主要优点是,不会出现因对 T_L 的大小估计错误而引起重物上升的事故。运行速度也较反接制动时稳定。

能耗制动运行与能耗制动过程相比,n 反向引起 E_a 反向,使得 I_a 和 T_e 也随之反向,两者的不同在于,能耗制动过程中,$n>0$,$T_e<0$;能耗制动运行中,$n<0$,$T_e>0$。

能耗制动运行的效果与制动电阻 R_{ad} 的大小有关。R_{ad} 越小,特性曲线 2 的斜率越小,转速越低,下放重物越慢。由图 7-14(b) 可知电动机工作在特性曲线 3 上的 F 点时,有

$$R_a + R_{ad} = \frac{E_F}{I_{aF}} = C_e C_T \Phi^2 \frac{n}{T_L - T_0} \qquad (7\text{-}29)$$

下放重物时,T_0 与 T_L 方向相反,与 T_e 方向相同,故 $T_e=T_L-T_0$,则

$$R_{ad} = C_e C_T \Phi^2 \frac{n}{T_L - T_0} - R_a \qquad (7\text{-}30)$$

求得 R_{ad} 后,校验 R_{ad} 的最小值应该使制动电流不超过电动机允许的最大电流。相反 R_{ad} 越大,特性曲线 2 的斜率越大,转速越高,下放重物越快。由图 7-14(b) 可知工作在特性曲线 4 上的 D 点上。

能耗制动通常应用于拖动系统需要迅速而准确地停车及卷扬机重物的恒速下放的场合。

【例 7-5】 一台他励直流电动机,其额定数据如下:$P_N=22kW$,$U_N=220\text{ V}$,$I_N=115A$,$n_N=1500r/min$,$I_{a\max}=230A$,T_0 忽略不计,试求:(1)拖动 $T_L=120N\cdot m$ 的反抗性恒转矩负载运行,采用能耗制动迅速停车,电枢电路中至少要串联多大的电阻?(2)拖动 $T_L=120N\cdot m$ 的位能性恒转矩负载运行,采用能耗制动稳定下放重物,电枢电路中串入(1)中求得的最小制动电阻,下放重物时的转速为多少?

解 若 T_0 忽略不计,则

$$E_a = \frac{P_N}{I_N} = \frac{22 \times 10^3}{115} = 191.3(V)$$

$$R_a = \frac{U_N - E_a}{I_N} = \frac{220 - 191.3}{115} = 0.25(\Omega)$$

$$C_e \Phi = \frac{E_a}{n_N} = \frac{191.3}{1500} = 0.1275$$

$$C_T \Phi = 9.55 C_e \Phi = 9.55 \times 0.1275 = 1.2176$$

(1)迅速停车时

$$I_a = \frac{T_L}{C_T \Phi} = \frac{120}{1.2176} = 98.55(A)$$

$$E_B = E_A = U_N - I_a R_a = 220 - 98.55 \times 0.25 = 195.36(V)$$

$$R_B \geqslant \frac{E_B}{I_{a\max}} - R_a = \frac{195.36}{230} - 0.25 = 0.6(\Omega)$$

（2）下放重物时

$$n = \frac{R_a + R_B}{C_e C_T \Phi^2} T_L = \frac{0.25 + 0.6}{0.1275 \times 1.2176} \times 120 = 657.03(\text{r/ min})$$

7.4.2　反接制动

当他励直流电动机的外加电枢电压 U 或感应电动势 E_a 中的任意一个在外界的作用下改变了方向，即二者由方向相反变为方向一致时，电动机将运行于反接制动状态。在反接制动中，把改变电枢电压 U 的方向所产生的反接制动称为电源反接制动；而把改变电枢电动势 E_a 的方向所产生的反接制动称为倒拉反接制动。

1. 电源反接制动的电路原理图和机械特性图

如图 7-15 所示，当电压的实际方向与参考方向相同时，电动机的机械特性为 $n = \dfrac{U}{C_e \Phi} - \dfrac{R_a}{C_T C_e \Phi^2} T_e$，当电压的实际方向与参考方向相反时，电动机的电源反接制动的机械特性为 $n = \dfrac{-U}{C_e \Phi} - \dfrac{R_a + R_{ad}}{C_T C_e \Phi^2} T_e$。其特性曲线分别如图 7-15（b）中的曲线 1 和曲线 2 所示。由机械特性分析来看，当电动机稳速运行在第一象限中特性曲线 1 的 A 点时，$T_e - T_L = 0$，$U = E_a + I_a R_a$ 和 $E_a = C_e \Phi n$，此时，U 与 E_a 的方向相反，T_e 与 n 的符号都为正，即电动机输出转矩的作用方向与转速方向相同。所以，电动机工作在电动状态。

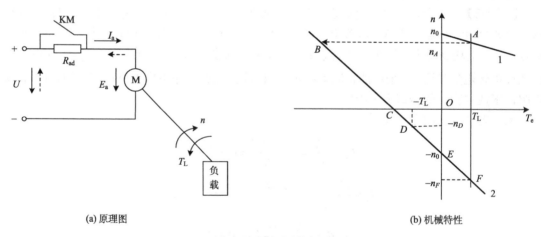

(a) 原理图　　　　　　　　　　　　　　　　　(b) 机械特性

图 7-15　电源反接制动

当电动机工作在 A 点时，若突然将电枢电压 U 反接，即改变电动机电枢电压的极性，电动机的机械特性变为曲线 2。由于机械惯性，电动机的转速不能突变，工作点从 A 点转换到 B 点。此时，$E_a = C_e \Phi n$ 不能突变，极性不变为正。由于外加电压的极性变负，因此，外加电枢电压 U 的极性与电动势 E_a 的极性由相反变为相同；另外，电压平衡方程变为 $-U = E_a + I_a \left(R_a + R_{ad} \right)$，即 $I_a = \dfrac{-U - E}{R_a + R_{ad}}$ 由正变负，电动机的输出转矩 T_e 由正变负。

因此，在 B 点，电动机的输出转矩 T_e 与转速 n 的方向相反，电动机的外加电枢电压 U 与感应电动势 E_a 的方向由相反变为相同，即电动机在 B 点处于反接制动。在电磁转矩和负载转矩的共同作用下，系统开始减速。

从图 7-15(b) 不难看出：电动机在 BC 段都工作在反接制动状态。由于在反接制动期间，电枢感应电动势 E_a 和电源电压 U 是串联相加的，因此，为了限制电枢电流 I_a，电动机的电枢电路中必须串接足够大的限流电阻 R_{ad}。

当转速降为零时，应立即将电源切断，否则电机将反向起动。

电源反接制动的效果与制动电阻 R_{ad} 的大小有关。若 R_{ad} 小，则制动瞬间的 I_a 越大，T_e 越大，制动过程越短，停车越快。但制动过程中的最大电枢电流，即工作于 B 点时的电枢电流 I_B 不得超过 $I_{a\,max} = (1.5 \sim 2.0)I_N$，由图 7-15(b) 可知：

$$I_B = \frac{U + E_B}{R_a + R_{ad}} \tag{7-31}$$

式中，$E_B = E_A$，是工作于 A 点和 B 点的电动势，由此求得

$$R_{ad} \geqslant \frac{U + E_B}{I_{a\,max}} - R_a \tag{7-32}$$

电源反接制动一般应用在生产机械要求迅速减速、停车和反向的场合以及要求经常正反转的机械上。

如果没有及时切除电动机电源，电动机将反向起动，直到 D 点稳定运行，即电磁转矩 T_e 与负载转矩 T_L 平衡，电动机 n 与 T_e 同向，电动机进入反向电动运行状态。当负载为位能性恒转矩负载 T_L 时，电动机由 D 点，经过 E 点，直到 F 点稳定运行，此时 $T_e = T_L$，转速 n 与电磁转矩 T_e 反向，且转速 n 大于空载转速 n_0，电动机进入反向回馈制动运行状态。

2. 倒拉反接制动

倒拉反接制动的电路原理图和机械特性图如图 7-16 所示。电动机固有机械特性和电枢回路串接电阻 R_{ad} 的机械特性分别如图 7-16(b) 中的曲线 1 和曲线 2 所示。电动机驱动位能负载转矩，其机械特性如图 7-16(b) 中的曲线 2 所示。

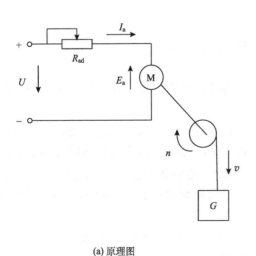

(a) 原理图

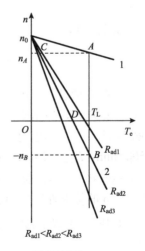

(b) 机械特性

图 7-16　倒拉反接制动

在倒拉反接制动前，电动机稳速运行在第一象限中特性曲线 1 的 A 点时，重物匀速上升。此时 $T_e - T_L = 0$，$U = E_a + I_a R_a$ 和 $E_a = C_e \Phi n$，U 与 E_a 的方向相反，T_e 与 n 的符号都为正，即方向相同。所以，电动机工作在电动状态。

当电动机工作在 A 点时，若突然将电枢回路串接电阻 R_{ad}，电动机的机械特性变为曲线 2。由于机械惯性，电动机的转速不能突变，工作点从 A 点转换到 C 点。在 CD 段，T_e 与 n 的符号相同，即方向相同，电动机工作在电动状态。由于电动机的电磁转矩 T_e 小于负载转矩 T_L，转速沿着曲线 2 下降。

当转速下降到 0 时，由于电动机的电磁转矩 T_e 仍然小于负载转矩 T_L，所以，在位能负载的作用下，电动机反向起动，直到平衡点 B 稳定运行。电动机匀速下放重物。

在 DB 段，虽然电动机的电磁转矩的作用方向未变，但电动机的转速方向发生了变化，即电动机的电磁转矩 T_e 与速度 n 的符号相反，即方向相反；由于外加电枢电压 U 的方向不变，而 E_a 的方向随 n 方向的变化而变得与 U 的方向相同。因此，电动机在 DB 段工作在制动状态，常称这种制动状态为倒拉制动状态。

在这种情况下制动运行时，由于 n 反向，E_a 也随之反向，由图 7-16(b) 可以看出，这时 E_a 与 U 的作用方向相同，但 I_a 和 T_e 的方向不变，T_e 与 n 的方向相反，成为制动转矩，与负载转矩保持平衡，稳定下放重物，所以这种反接制动成为倒拉反接制动。

倒拉反接制动的效果与制动电阻 R_{ad} 的大小有关。当 R_{ad} 小到 R_{ad1} 时，特性 2 的斜率越小，转速越低，下放重物越慢。相反，当 R_{ad} 大到 R_{ad3} 时，特性 2 的斜率越大，转速越高，下放重物越快。由图 7-16(b) 可知工作在 B 点时，有

$$R_a + R_B = \frac{U + E_B}{I_B} = \frac{C_T \Phi}{T_e}(U + C_e \Phi n) \tag{7-33}$$

下放重物时，T_0 与 T_L 方向相反，与 T_e 方向相同，故 $T_e = T_L - T_0$，则

$$R_B = \frac{U + E_B}{I_B} = \frac{C_T \Phi}{T_L - T_0}(U + C_e \Phi n) - R_a \tag{7-34}$$

若忽略 T_0，则

$$R_B = \frac{U + E_B}{I_B} = \frac{C_T \Phi}{T_L}(U + C_e \Phi n) - R_a \tag{7-35}$$

倒拉反接制动设备简单，操作方便，电枢回路串联电阻较大，机械特性较软，转速稳定性差，能量损耗大，适用于低速匀速下放重物。

【例 7-6】 一台他励直流电动机，其额定数据如下：$P_N = 22kW$，$U_N = 220\,V$，$I_N = 115A$，$n_N = 1500r/min$，$I_{a\,max} = 230A$，$R_a = 0.25\Omega$，T_0 忽略不计，试求：(1) 拖动 $T_L = 120N \cdot m$ 的反抗性恒转矩负载运行，采用电源反接制动迅速停车，电枢电路中至少要串联多大的电阻？(2) 拖动 $T_L = 120N \cdot m$ 的位能性恒转矩负载运行，采用倒拉反接制动稳定下放重物，电枢电路中串入 3Ω 的制动电阻，下放重物时的转速为多少？

解
$$E_a = U_N - I_N R_a = 220 - 115 \times 0.25 = 191.25(V)$$

$$C_e \Phi = \frac{E_a}{n_N} = \frac{191.25}{1500} = 0.1275$$

$$C_T \Phi = 9.55 C_e \Phi = 9.55 \times 0.1275 = 1.2176$$

（1）迅速停车时，有

$$I_a = \frac{T_L}{C_T \Phi} = \frac{120}{1.2176} = 98.55(\text{A})$$

$$E_B = E_a = U_N - I_a R_a = 220 - 98.55 \times 0.25 = 195.36(\text{V})$$

$$R_B \geqslant \frac{U_N + E_B}{I_{a\max}} - R_a = \frac{220 + 195.36}{230} - 0.25 = 1.56(\Omega)$$

（2）下放重物时，有

$$n = \frac{\dfrac{R_a + R_B}{C_T \Phi} T_L - U_N}{C_e \Phi} = \frac{\dfrac{0.25 + 3}{1.2176} \times 120 - 220}{0.1275} = 786.68(\text{r}/\min)$$

7.4.3　回馈制动

他励直流电动机回馈制动的特点如下：

（1）在外部条件的作用下，电动机的实际转速大于理想空载转速，因而 $E_a > U$，电机处于发电状态，将系统的动能转换为电能回馈给电网。

（2）电动机电磁转矩 T_e 的作用方向与 n 的方向相反。

回馈制动也分以下三种情况。

1. 电车走下坡路时的反馈制动

设电车与地面的摩擦转矩为 T_r，与前进方向相反，为阻转矩；下坡时电车所产生的位能转矩为 T_p，与前进方向相同，为拖动转矩；且 $T_p > T_r$，前进时速度 n 为正。电车由直流电动机拖动，机械特性如图 7-17 所示。

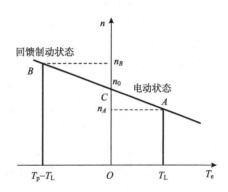

图 7-17　电车走下坡路时的反馈制动

当电车在匀速走平路时（A 点），负载转矩为 T_L，电动机的电磁转矩 T_e 用来克服负载转矩 T_L，运动方程为 $T_e - T_L = 0$，由于 T_e 与 n 的符号相同，即方向相同，所以电动机工作在电动状态。

当电车走下坡路时，负载转矩为 $T_p - T_L > 0$，与 n 的方向相同。当电车由平路转为走下坡时，由于转速 n 不能突变，且电动机的机械特性未变，故工作点也未变化，即 T_e 未变。所以此时的运动方程式变为 $T_e - [-(T_p - T_L)] = T_e + T_p - T_L > 0$，在动态转矩的作用下，速度 n 沿着机械特性曲线上升至 C 点，此时转速为理想空载转速，而 $T_e = 0$，但动态转矩不为零，系统在动态转矩的作用下沿特性的 BC 段继续反向加速，工作点进入特性的第二象限部分，这时 $n > n_0$，$E_a > U$，电流 I_a 及 T_e 均变为负，而 n 为正，电动机进入制动状态。至 B 点，$T_e = T_L$，稳速下坡。由于 $E_a > U$，电流 I_a 与 E_a 同方向，与 U 反方向，所以电动机将位能转换为电能回馈电网，故称回馈制动。在 AC 段，T_e 与 n 的方向相同，故为电动状态。在 BC 段，T_e 与 n 的方向相反，且工作速度 n_B 大于理想空载转速 n_0，故电动机工作在反馈制动状态。

2. 电枢电压突然下降时的反馈制动

设当电动机的电枢外加电压为 U_1 和 U_2，且 $U_1 = U_2$ 时的机械特性如图 7-18 所示。

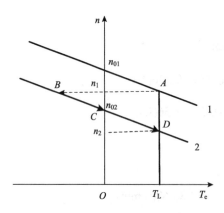

图 7-18 电枢电压突然下降时的反馈制动

若电动机工作在 A 点时将电枢电压突然降低为 U_2，电动机的机械特性由曲线 1 变为曲线 2，由于机械惯性，电动机的转速不能突变，工作点由 A 点转换到 B 点。$E_B > U_2$，电流 I_a 与 E_a 同方向，与 U 反方向，电磁转矩 T_e 的方向由与 n 方向相同变为相反。此时 $-T_e - T_L < 0$，电动机的转速 n 在 T_e、T_L 的共同的作用下沿着曲线 2 减速下降直到新的平衡点 D。在 BC 段，转速 n 与转矩 T_e 的方向相反，运行速度 n 大于空载转速 n_{02}，故为反馈制动状态。回馈制动的存在，有利于缩短调速的动态过程，加快调速效率。

3. 位能负载引起的反馈制动

卷扬机构下放重物时也能产生反馈制动过程，以保持重物匀速下降，如图 7-19 所示。

设电动机正转时是提升重物，机械特性曲线在第一象限；若改变加载电枢上的电压极性，特性在第三象限，此时负载转矩和电磁转矩都是拖动转矩，带动重物反向加速下降，随着反向转速的逐渐增加，感应电动势也在逐渐增大，而电枢电流和电磁转矩在逐渐减小，直到 D 点时减小为零，在 CD 段，T_e 的方向由 n 的方向相同，为反向电动状态。越过 D 点，在负载转矩的作用下，电机仍然要反向加速，使得转速超过理想空载转速 n_0，$n > n_0$，$E_a > U$，电流 I_a 及 T_e 均变为正，而 n 为负，电动机进入制动状态。至 E 点，$T_e = T_E$，稳速下放重物。由于 $E_a > U$，电流 I_a 与 E_a 同方向，与 U 反方向，所以电动机将位能转换为电能回馈电网，故称回馈制动。在 DE 段，T_e 与 n 的方向相反，且工作速度 n 大于理想空载转速 n_0，故电动机工作在反馈制动状态。此时稳定工作点为第四象限的 E 点。

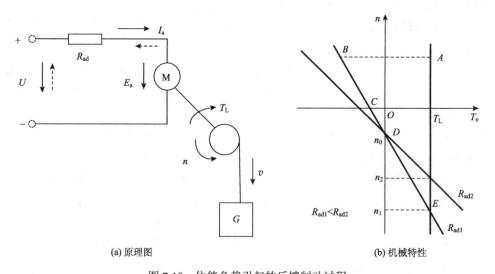

(a) 原理图　　　　　　　　　　　　(b) 机械特性

图 7-19 位能负载引起的反馈制动过程

回馈制动的效果与制动电阻 R_{ad} 的大小有关。R_{ad} 越小，特性曲线 2 的斜率越小，转速越低，下放重物越慢；相反，R_{ad} 越大，特性曲线 1 的斜率越大，转速越高，下放重物越快。由图 7-19(b) 可知工作在 E 点时，有

$$R_a + R_B = \frac{E_a - U}{I_a} = \frac{C_T \Phi}{T_e}(C_e \Phi n - U) \tag{7-36}$$

下放重物时，T_0 与 T_L 方向相反，与 T_e 方向相同，故 $T_e = T_L - T_0$，则

$$R_B = \frac{E_a - U}{I_a} = \frac{C_T \Phi}{T_L - T_0}(C_e \Phi n - U) - R_a \tag{7-37}$$

若忽略 T_0，则

$$R_B = \frac{E_a - U}{I_a} = \frac{C_T \Phi}{T_e}(C_e \Phi n - U) - R_a \tag{7-38}$$

回馈制动过程中，有功率 UI_a 回馈电网，能量损耗最少。一般情况用于高速匀速下放重物和降压、增加磁通调速过程中自动加快减速过程。

【例 7-7】 一台他励直流电动机，其额定数据如下：$P_N = 75\text{kW}$，$U_N = 440\text{V}$，$I_N = 200.3\text{A}$，$n_N = 750\text{r/min}$，$I_{a\,max} = 400\text{A}$，$R_a = 0.327\Omega$，$T_L = 500\,\text{N}\cdot\text{m}$，$T_0$ 忽略不计，采用反馈制动下放重物，试求：(1)电源电压反向时，电枢电路中至少要串联多大的电阻？(2)以 $n = 1000\text{r/min}$ 下放重物时，应串联的制动电阻为多大？

解
$$T_N = 9.55\frac{P_N}{n_N} = 9.55 \times \frac{75 \times 10^3}{750} = 955(\text{N}\cdot\text{m})$$

T_0 忽略不计，则

$$C_T \Phi = \frac{T_N}{I_N} = \frac{955}{200.3} = 4.77$$

$$C_e \Phi = \frac{C_T \Phi}{9.55} = \frac{4.77}{9.55} = 0.5$$

$$I_a = \frac{T_L}{C_T \Phi} = \frac{500}{4.77} = 104.82(\text{A})$$

$$E_a = U_N - I_a R_a = 440 - 104.82 \times 0.327 = 405.72(\text{V})$$

(1)电源电压反向时，有

$$E_B = E_a = 405.72\text{V}$$

$$R_B \geqslant \frac{U + E_b}{I_{a\,max}} - R_a = \frac{440 + 405.72}{400} - 0.327 = 1.79(\Omega)$$

(2)下放重物时，有

$$R_B = \frac{C_T \Phi}{T_L}(C_e \Phi n - U_a) - R_a = \frac{4.77}{500} \times (0.5 \times 1000 - 440) - 0.327 = 0.25(\Omega)$$

7.5 他励直流电动机的四象限运行

从前面几节的分析中可以看出，在由 n 与 T_e 组成的直角坐标系中，他励直流电动机并非总是运行在第一象限，电动机的机械特性分布在该坐标系的四个象限中。

他励直流电动机在电动状态下运行时，如图 7-20 所示，其机械特性，包括固有机械特性和人为机械特性，都在第一、第三象限。其中正向电动状态下运行时在第一象限，反向电动

状态下运行时在第三象限。

　　他励直流电动机在制动状态下运行时，如图 7-21 所示，其机械特性，包括三种制动方法时的机械特性，都在第二、第四象限。

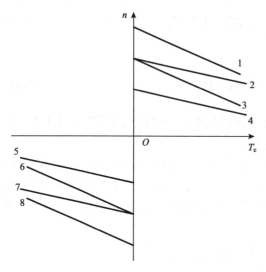

图 7-20　他励直流电动机的电动状态

1. 减小 I_f 的正向人为特性；2. 正向固有特性；3. 增加 R_a 的正向人为特性；4. 减小 U_a 的正向人为特性；5. 减小 U_a 的反向人为特性；6. 增加 R_a 的反向人为特性；7. 反向固有特性；8. 减小 I_f 的反向人为特性

图 7-21　他励直流电动机的制动状态

1. 正向回馈制动；2. 能耗制动过程；3. 电源反接制动；4. 倒拉反接制动；5. 能耗制动；6. 反向回馈制动

　　电力拖动系统只有工作在机械特性与负载特性的交点上，而且该交点满足稳定运行的条件时，系统的运行才是稳定的，否则系统将工作在动态过程。

*7.6　串励直流电动机的电力拖动

7.6.1　串励直流电动机的机械特性

　　图 7-22 是串励电动机的接线图，励磁绕组与电枢绕组串联，电枢电流 I_a 即励磁电流 I_f，电枢电流 I_a（即负载）的变化将引起主磁通 Φ 的变化。

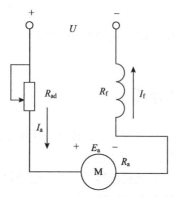

图 7-22　串励电动机接线图

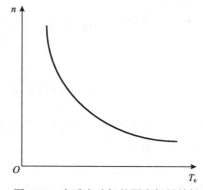

图 7-23　串励电动机的固有机械特性

图 7-23 是串励电动机的固有机械特性曲线,由机械特性曲线可以看出:

(1) 特性曲线是一条非线性的软特性曲线,随着负载转矩的增大(减小),转速自动减小(增大),保持功率基本不变,即有很好的牵引性能,广泛用于机车类负载的牵引动力。

(2) 理想空载转速为无穷大,实际上由于有剩磁磁通存在,n_0 一般可达 $(5\sim6)\,n_N$,空载运行会出现"飞车"现象。因此,串励电动机是不允许空载或轻载运行或用皮带传动的。

(3) 由于 T_{st} 与 I_a 的平方成正比,因此串励电动机的起动转矩大,过载能力强。

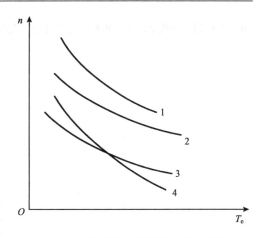

图 7-24　串励直流电动机的人为机械特性
1. 弱磁特性; 2. 固有特性; 3. 降压特性; 4. 串阻特性

图 7-24 是串励电动机的人为机械特性曲线,串励直流电动机同样可以采用电枢串电阻、改变电源电压和改变磁通的方法来获得各种人为特性,其人为机械特性曲线的变化趋势与他励直流电动机的人为机械特性曲线的变化趋势相似。

7.6.2　串励直流电动机的起动、调速和制动

与他励直流电动机类似,串励直流电动机可以降压起动,也可以在电枢回路中串联电阻起动。

串励直流电动机的调速方法原则上有三种。采用改变电枢电阻的方法调速时,可以在电枢回路串联调速变阻器或分级调速电阻,这种调速方法在电车上经常采用。

采用改变励磁电流的方法调速时,可以在励磁绕组两端并联电阻来减少励磁电流,也可以通过在电枢两端并联电阻以增加励磁电流。

对于串励直流电动机,由于理想空载转速为无穷大,所以它不可能有回馈制动运转状态,只能进行能耗制动和反接制动。

1. 能耗制动

串励直流电动机的能耗制动分为他励能耗制动和自励能耗制动两种。

(1) 他励能耗制动。他励能耗制动是把励磁绕组由串励形式改接成他励形式,即把励磁绕组单独接到电源上,电枢绕组外接制动电阻 R_{ad} 形成回路,如图 7-25(a)所示。由于串励直流电动机的励磁绕组电阻很小,如果采用原来的电源,因电压较高,则必须在励磁回路中串入一个较大的限流电阻。此外还必须保持励磁电流的方向与电动状态时相同,否则不能产生制动转矩(因 I_a 已反向)。他励能耗制动时的机械特性为一条直线,如图 7-25(b)中直线 BC 段所示,其制动过程与他励直流电动机的能耗制动完全相同。他励能耗制动的效果好,应用较广泛。

(2) 自励能耗制动。自励式能耗制动时,电枢回路脱离电源后,通过制动电阻形成回路,但为了实现制动,必须同时改接串励绕组,以保证励磁电流的方向不变,如图 7-25(a)所示。自励能耗制动时的机械特性如图 7-25(b)中曲线 BO 段所示。由图可见,自励能耗制动开始时制动转矩较大,随着转速下降,电枢电动势和电流也下降,同时磁通也减小,从公式 $T_e = C_T \Phi I_a$ 可见,制动转矩下降很快,制动效果变弱,制动时间较长且制动不平稳。由于这种制动方式不需要电源,因此主要用于事故停车。

2. 反接制动

串励直流电动机的反接制动也有电源反接制动和倒拉反接制动两种,制动的原理、物理过程和他励直流

电动机相同，反接制动时，电枢中也必须串入足够大的电阻以限制电流。

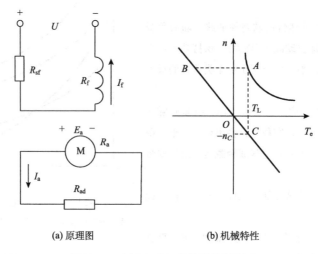

(a) 原理图　　　　　　　　(b) 机械特性

图 7-25　串励电动机的他励能耗制动

在进行反接制动时，电流 I_a 与磁通 Φ 只能有一个改变方向，通常是改变电枢电流的方向，即改变电枢电压的极性，而励磁电流的方向保持不变。

本 章 小 结

直流电动机是把电能转换为机械能的动力机械。本章以他励直流电动机为主，讨论了直流电动机的机械特性，进而分析了起动、调速以及制动等运行性能及工作特性。

直流电动机的机械特性是指，当电源电压、励磁电流和电枢回路电阻均为常数时，得到的电动机的转矩与转速的关系：$n = \dfrac{U}{C_e\Phi} - \dfrac{R_a + R_{ad}}{C_T C_e \Phi^2} T_e$。他励直流电动机的机械特性曲线是一条跨越 3 个象限的直线，熟悉固有机械特性和各种人为机械特性的特点是掌握直流电动机的起动、调速和制动的基础。串励直流电动机的机械特性与他励直流电动机有较大的差别。

直流电动机起动瞬间 $n=0$，$E_a=0$，直接起动将产生很大的起动电流，为了限制起动电流必须采取降压起动或者电枢回路串电阻起动等方法。

直流电动机的稳定运行是由电动机的机械特性和负载的机械特性共同决定的。

直流电动机的调速特性也是根据机械特性 $n = \dfrac{U}{C_e\Phi} - \dfrac{R_a + R_{ad}}{C_T C_e \Phi^2} T_e$，分析和计算电源电压 U、主磁通 Φ、电枢回路串联电阻 R_{ad} 改变时电动机的转速变化。

直流电动机的制动运行是指在不同的运行条件下，电磁转矩和转速方向反向，电磁转矩对系统起制动作用，包括能耗制动、反接制动和回馈制动。

习 题

7-1　对他励直流电动机起动过程有哪些要求？如何实现？除微型电动机以外，为什么一般直流电动机不能直接起动？

7-2　通常直流电动机的起动方法有哪些？各有何优缺点？

7-3　直流电动机的起动电流取决于什么？正常工作时的工作电流取决什么？

7-4　直流他励电动机起动时，为什么一定要先把励磁电流加上？若在加上励磁电流之前就把电枢电压加上，这时会产生什么后果(试从 $T_L=0$ 和 $T_L=T_N$ 两种情况加以说明)？当电动机运行在额定转速下时，若突然将励磁绕组断开，此时又将出现什么情况？

7-5　有哪些常用方法可以对直流电动机进行调速？各有何特点？

7-6　一台他励直流电动机所拖动的负载转矩 T_L 为常数，当电枢电压或电枢附加电阻改变时，能否改变其稳定运行状态下电枢电流的大小？为什么？这时拖动系统中哪些量必然发生变化？

7-7　直流电动机的制动方法有哪几种？各有何特点？

7-8　如果一台电动机处于制动状态，是不是一定会减速？电动机在减速过程中，是否一定处于制动状态？

7-9　一台他励直流电动机拖动一台卷扬机，在电动机拖动重物上升时将电枢电源突然反接，试利用机械特性从机电过程上说明：(1)从反接开始到系统达到新的稳定平衡状态之间，电动机经历了几种运动状态，最后在什么状态下建立系统新的稳定平衡点；(2)各种状态下转速变化的机电过程如何。

7-10　一台他励直流电动机，铭牌数据为 $U_N = 220V$，$I_N = 80A$，$n_N = 1000r/min$，$R_a=0.35\Omega$，求该电机的理想空载转速 n_0，以及固有特性的斜率 β 和硬度 α。

7-11　一台他励直流电动机的铭牌数据为 $P_N=7.5kW$，$U_N = 110V$，$I_N = 75A$，$n_N = 750r/min$，试绘出它的固有机械特性曲线。

7-12　一台他励直流电动机的技术数据为 $P_N=8kW$，$U_N = 220V$，$I_N = 45A$，$n_N = 1000r/min$，$R_a=0.25\Omega$，试计算出此电动机的如下特性：(1)固有机械特性；(2)电枢附加电阻分别为 2Ω 和 4Ω 时的人为机械特性；(3)电枢电压为 $U_N/3$ 时的人为机械特性；(4)主磁通 $\Phi=0.7\Phi_N$ 时的人为机械特性；并绘出其特性曲线。

7-13　一台他励直流电动机，$P_N=29kW$，$U_N=440V$，$I_N=76A$，$n_N=1000r/min$，电枢电阻 $R_a=0.377\Omega$。计算四级起动时的起动电阻。

7-14　有一台他励直流电动机，$P_N=55kW$，$U_N=220V$，$I_N=287A$，$n_N=1500r/min$，$R_a=0.0302\Omega$，拖动额定恒转矩负载，采用电枢回路串电阻起动。试求要使起动电流不超过额定电流的 1.8 倍，串入外加电阻是多少？起动转矩为多少？

7-15　一台他励直流电动机，$P_N=75kW$，$U_N=440V$，$I_N=185A$，$n_N=3000r/min$，电枢电阻 $R_a=0.0555\Omega$，保持负载转矩为额定值不变。试求下列情况下的电枢电流和转速：(1)电枢回路串入电阻 $R_{ad}=0.015\Omega$ 时；(2)电枢电压降为 420V 时；(3)主磁通弱磁为 $\Phi=0.95\Phi_N$ 时。

7-16　某一台直流他励电动机，其额定数据为 $P_N=40kW$，$U_N = 220V$，$I_N = 207.5A$，$n_N = 1500r/min$，$R_a=0.0422\Omega$，电动机拖动 $T_L=0.75T_N$ 恒转矩负载。若要求转速升高到 1800 r/min，试求：(1)采用弱磁调速时，磁通减少为原来的多少倍？此时的电枢电流为多少？(2)若拖动额定恒转矩负载时，最大电枢电流不超过额定值时的弱磁最高转速为多少？

7-17　一台他励直流电动机，$P_N=29kW$，$U_N=440V$，$I_N=76.2A$，$n_N=1050r/min$，电枢回路电阻 $R_a=0.393\Omega$。试求：(1)带位能性负载，在固有特性上做回馈制动下放，$I_a=60A$，(1)求电动机反向转速；(2)带位能性负载，做反接制动下放，$I_a=50A$，转速 $n=-600r/min$，电枢应串联多大的电阻？(3)从 $n=500r/min$ 进行能耗制动，若最大电流限制在 100A，电枢应串联多大的电阻？

第8章 三相异步电动机的电力拖动

【本章要点】 本章主要讲述交流异步电动机拖动的基础知识。首先讨论异步电动机的机械特性，然后研究三相异步电动机的起动、调速和制动等问题，并简要地介绍异步电动机的一些现代控制方法。

通过本章的学习，培养学生掌握三相异步电动机的固有机械特性和人为机械特性；理解和掌握三相异步电动机的起动方法；掌握常用的三相异步电动机的调速方法；理解电动机的制动状态；掌握各种运行状态稳态参数的计算，指导学生正确运用理论解决实际问题。

与直流电动机相比，异步电动机具有结构简单、运行可靠、价格低及维护方便等一系列优点，随着电力电子技术的发展和交流调速技术的日益成熟，异步电动机的调速性能已完全可与直流电动机相媲美。因此，异步电动机是目前电力拖动系统的主流。

8.1 三相异步电动机机械特性的三种表达式

与直流电动机相同，三相异步电动机的机械特性也是指其转速与电磁转矩之间的关系 $n = f(T_e)$，其表达式可有三种形式，现分别介绍如下。

8.1.1 物理表达式

式(4-41)还可以写为

$$T_e = C_T' \Phi_m I_2' \cos\varphi_2' \tag{8-1}$$

式中，C_T' 为异步电动机的转矩系数；Φ_m 为异步电动机气隙每极磁通量；I_2' 为转子电流的转子折算值；$\cos\varphi_2'$ 为转子电路的功率因数折算值。

其中

$$C_T' = \frac{p m_1 N_1 k_{w1}}{\sqrt{2}} \tag{8-2}$$

$$I_2' = \frac{E_2'}{\sqrt{\left(\dfrac{R_2'}{s}\right)^2 + X_{2\sigma}'^2}} \tag{8-3}$$

$$\cos\varphi_2' = \frac{R_2'/s}{\sqrt{(R_2'/s)^2 + X_{2\sigma}'^2}} = \frac{R_2'}{\sqrt{R_2'^2 + s^2 X_{2\sigma}'^2}} = \cos\varphi_2 \tag{8-4}$$

由式(8-4)可见，$\varphi_2' = \varphi_2$。按式(8-3)及式(8-4)，并考虑到 $n = n_1(1-s)$，在图8-1上绘出 $n = f(I_2')$ 及 $n = f(\cos\varphi_2')$ 两条曲线。由式(8-3)可见，当 $n = n_1$（即 $s = 0$）时，$R_2'/s = \infty$，故 $I_2' = 0$；随着 n 从 n_1 减小（s 由零渐增时），当 s 较小时，$R_2'/s \gg X_{2\sigma}'$，$X_{2\sigma}'$ 可忽略，I_2' 最初

与 s 成正比地增加；到 s 较大时，R_2'/s 相对变小，$X_{2\sigma}'$ 便不能忽略，且逐渐成为式(8-3)中分母的主要部分，此时随着 n 继续减小(即 s 继续上升)，I_2' 增加缓慢。

同时，由式(8-4)可见，当 $n=n_1$ (即 $s=0$)时，$\cos\varphi_2'=1$，随着 n 逐步下降(即 s 逐步增大)，$\cos\varphi_2'$ 将逐步下降。

在图 8-1 中，当 n 取不同的值时，将 $n=f(I_2')$ 和 $n=f(\cos\varphi_2')$ 两条曲线相乘，并乘以常数 $C_T'\Phi_m$，即得 $n=f(T_e)$ 的曲线，称为异步电动的机械特性。由机械特性曲线可见，曲线 $n=f(T_e)$ 的形状与 $n=f(I_2')$ 不同，两者不成正比。当 n 由 n_1 逐渐减小时，I_2' 增加较快，$\cos\varphi_2'$ 的数值较大，使 T_e 值增加较快。当 $n=0$ (即 $s=1$)时，虽然 I_2' 较大，但由于 $\cos\varphi_2'$ 较小，使与两者乘积成正比的 T_e 值不大。

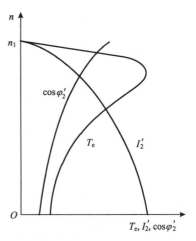

图 8-1 在不同转速时由 I_2' 和 $\cos\varphi_2'$ 的乘积求 T

这样，n 从零到 n_1 之间，转矩 T_e 出现一个最大值，称为异步电动机的最大转矩 T_{max}。

式(8-1)反映了不同转速时 T_e 与 Φ_m 及转子电流的有功分量 $I_2'\cos\varphi_2'$ 间的关系。在物理上，这三个量的方向又必须遵循左手定则，三者互相垂直，因此这一表达式又称为物理表达式。它在形式上与直流电动机的转矩表达式 $T_e=C_T\Phi I_a$ 相似，用于在物理上分析异步电动机在各种运转状态下转矩 T_e 与磁通 Φ_m 及转子电流的有功分量 $I_2'\cos\varphi_2'$ 间的关系较为方便。

8.1.2 参数表达式

物理表达式不能直接反映异步电动机转矩与转速之间的变化规律，为此必须进一步推导出机械特性的参数表达。已知 $P_e=3I_2'^2\dfrac{R_2'}{s}$，将其代入 T_e 与 P_e 的关系式，即

$$T_e=\frac{P_e}{\Omega_1}=\frac{3I_2'^2\dfrac{R_2'}{s}}{\dfrac{2\pi f_1}{p}} \tag{8-5}$$

再利用三相异步电动机简化等效电路，得到转子电流为

$$I_2'=\frac{U_1}{\sqrt{\left(R_1+R_2'/s\right)^2+\left(X_{1\sigma}+X_{2\sigma}'\right)^2}} \tag{8-6}$$

将式(8-6)代入式(8-5)得

$$T_e=\frac{3pU_1^2\dfrac{R_2'}{s}}{2\pi f_1\left[\left(R_1+R_2'/s\right)^2+\left(X_{1\sigma}+X_{2\sigma}'\right)^2\right]} \tag{8-7}$$

式(8-7)称为三相异步电动机机械特性的参数表达式。

当异步电动机的定子电压 U_1、电源频率 f_1 以及电机参数 R_1、R_2'、$X_{1\sigma}$、$X_{2\sigma}'$ 都为确定值时，改变转差率 s，就能按此式计算出对应的电磁转矩 T_e。

将式(8-7)中的电磁转矩 T_e 与转差率 s 的关系表示成曲线，就是异步电动机的 T_e-s 曲线，

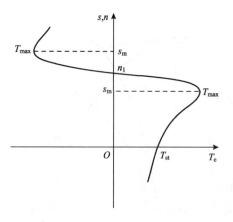

图 8-2　三相异步电动机的机械特性

如图 8-2 所示。从图中可以看出，三相异步电动机的机械特性是一条非线性曲线。该曲线可以反映电动机所处的不同状态。

（1）当 $0 < s < 1$（或 $0 < n < n_1$）时，电磁转矩 T_e 和转子转速 n 都为正，这时电机处于电动运行状态。异步电动机正常运行时，其转速在同步转速 n_1 与额定转速 n_N 之间。

（2）当 $s < 0$（或 $n > n_1$）时，电磁转矩 T_e 为负，n 为正，电机处于制动运行状态，称为回馈制动运行状态，即异步发电状态。

（3）当 $s > 1$（或 $n < 0$）时，电磁转矩 T_e 为正，转速 n 为负，电动机处在制动状态，如倒拉反转制动状态。有关制动状态，后面将详细介绍。

下面对异步电动机机械特性上的几个特殊点作分析说明。

1. 最大转矩 T_{max}

将机械特性的参数表达式(8-7)对转差率 s 求导数，并令 $\dfrac{\mathrm{d}T_e}{\mathrm{d}s} = 0$，可得出

$$s_m = \pm \frac{R_2'}{\sqrt{R_1^2 + (X_{1\sigma} + X_{2\sigma}')^2}} \tag{8-8}$$

$$T_{max} = \pm \frac{1}{2} \frac{3pU_1^2}{2\pi f_1 \left[\pm R_1 + \sqrt{R_1^2 + (X_{1\sigma} + X_{2\sigma}')^2} \right]} \tag{8-9}$$

式(8-8)和式(8-9)中，T_{max} 为异步电动机的最大转矩；s_m 是最大转矩对应的转差率，或称临界转差率；"+"用于电动状态，"–"用于发电状态。可以看出，在给定的频率和电机参数下，最大转矩 T_{max} 与定子相电压 U_1 的平方成正比；R_2' 越大，临界转差率 s_m 越大，而最大转矩 T_{max} 却不随 R_2' 变化，即与 R_2' 无关。

在一般情况下，R_1^2 的值不超过 $(X_{1\sigma} + X_{2\sigma}')^2$ 的 5%。如果忽略 R_1 的影响，T_{max} 和 s_m 可以近似表示为

$$s_m \approx \pm \frac{R_2'}{X_{1\sigma} + X_{2\sigma}'} \tag{8-10}$$

$$T_{max} \approx \pm \frac{1}{2} \frac{3pU_1^2}{2\pi f_1 (X_{1\sigma} + X_{2\sigma}')} \tag{8-11}$$

最大转矩 T_{max} 与额定转矩 T_N 之比称为过载倍数，也称为过载能力，用 k_m 表示：

$$k_m = \frac{T_{max}}{T_N} \tag{8-12}$$

普通中小型鼠笼式三相异步电动机的过载倍数 $k_m \approx 2.0 \sim 2.2$；起重、冶金机械用的三相异步电动机，过载倍数 $k_m \approx 2.2 \sim 2.8$。电动机之所以需要这么大的过载倍数，是因为异步电动机在拖动负载运行时，由于某种原因负载转矩有可能突然增大，如果电动机的过载倍数小，

负载转矩超过电机的最大转矩，有可能使电动机转速大幅度下降而停转。如果电动机的过载倍数足够大，在负载转矩短时间内突然增大的情况下，电机的转速会略有降低，当负载转矩恢复正常后，电动机能很快恢复到正常运行状态。由此看来，异步电动机过载倍数大，是为了对付实际运行中负载转矩突然增大的情况而设置的。但是，实际运行时决不允许电动机长期处在最大转矩下运行，因为这时电动机已过载，长期运行将会损坏电动机。

2. 起动转矩 T_{st}

当 $s=1$，或者 $n=0$ 时的电磁转矩，称为起动转矩，用 T_{st} 表示。将 $s=1$ 代入式 (8-7)，得到起动转矩为

$$T_{st} = \frac{3pU_1^2 R_2'}{2\pi f_1\left[(R_1 + R_2')^2 + (X_{1\sigma} + X_{2\sigma}')^2\right]} \tag{8-13}$$

异步电动机起动转矩 T_{st} 与额定转矩 T_N 之比，称为起动转矩倍数，用 k_{st} 表示：

$$k_{st} = \frac{T_{st}}{T_N} \tag{8-14}$$

起动转矩倍数 k_{st} 的大小，反映了电动机起动负载的能力。起动转矩倍数设计得越大，电动机起动就越快，电机的成本也随之增加。因此，要根据实际需要来确定起动转矩倍数，如 Y 系列小型鼠笼式三相异步电动机，$k_{st} = 1.7 \sim 2.2$，能满足一般设备的要求。对于三相绕线转子异步电动机，可以通过在转子回路中串入电阻来改变起动转矩的大小。三相绕线转子异步电动机转子回路串联不同电阻时的机械特性曲线如图 8-3 所示。

从图 8-3 可以看出，当转子回路串入电阻 R_{st} 增大时，s_m 也随之增大，但最大转矩 T_{max} 不变。同时还可以看出：

(1) 当 $s_m < 1$ 时，起动转矩随串入电阻 R_{st} 增大而增大。

(2) 当 $s_m = 1$ 时，起动转矩等于最大转矩，由式 (8-8) 可得，此时

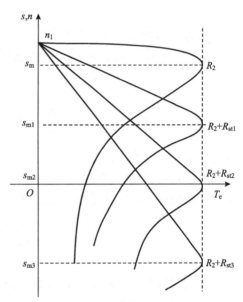

图 8-3　三相绕线转子异步电动机转子回路串联电阻的机械特性

$$R_2' + R_{st}' = \sqrt{R_1^2 + (X_{1\sigma} + X_{2\sigma}')^2} \tag{8-15}$$

(3) 当 $s_m > 1$ 之后，串入电阻 R_{st} 增大，起动转矩反而减小。

8.1.3　实用表达式

在工程实践中，经常需要现场计算异步电动机的机械特性，由于在铭牌数据和产品目录中查不到电动机的某些参数，因此用参数表达式计算很不方便。下面推导机械特性的实用公式，以便利用产品目录中给出的过载倍数 k_m、额定转速 n_N 和额定功率 P_N 来求取电磁转矩与转差功率的近似关系式。

忽略定子电阻 R_1 的影响，则可知电磁转矩 T_e、最大转矩 T_{max} 和临界转差率 s_m 的计算公式分别变为

$$T_e = \frac{3pU_1^2 \dfrac{R_2'}{s}}{2\pi f_1 \left[\left(R_2'/s \right)^2 + \left(X_{1\sigma} + X_{2\sigma}' \right)^2 \right]}$$

$$T_{max} = \frac{3pU_1^2}{4\pi f_1 \left(X_{1\sigma} + X_{2\sigma}' \right)}$$

$$s_m = \frac{R_2'}{X_{1\sigma} + X_{2\sigma}'}$$

将 T_e 与 T_{max} 相除得

$$\frac{T_e}{T_{max}} = \frac{2\dfrac{R_2'}{s}\left(X_{1\sigma} + X_{2\sigma}' \right)}{\left(\dfrac{R_2'}{s} \right)^2 + \left(X_{1\sigma} + X_{2\sigma}' \right)^2} = \frac{2}{\dfrac{s_m}{s} + \dfrac{s}{s_m}} \tag{8-16}$$

这就是电磁转矩的实用公式。忽略异步电动机的空载转矩 T_0，则在额定负载时，$T_e = T_N$，$s = s_N$，把它们代入式(8-16)，并考虑到 $T_{max} = k_m T_N$，则可求得

$$s_m = s_N \left(k_m + \sqrt{k_m^2 - 1} \right) \tag{8-17}$$

这样，只要利用 $T_N = 9.55\dfrac{P_N}{n_N}$ 和 $T_{max} = k_m T_N$ 求得 T_{max}，再求得 s_m，通过式(8-16)就可求取异步电动机的实用机械特性了。

例如，当三相异步电动机拖动负载转矩 T_L 已知时，就可以把 $T_e = T_L$ 代入实用公式(8-16)，求得电动机运行时的转差率，进而得到电动机的转速。

$$\frac{T_L}{T_{max}} = \frac{T_L}{k_m T_N} = \frac{2}{\dfrac{s_m}{s} + \dfrac{s}{s_m}}$$

上式中只有转差率 s 是未知数，而且它是一元二次方程，可利用求根公式来求 s，经进一步化简后得转差率 s 为

$$s = s_m \left[k_m \frac{T_N}{T_L} - \sqrt{\left(k_m \frac{T_N}{T_L} \right)^2 - 1} \right] \tag{8-18}$$

如果是三相异步电动机的转差率 s(或转速)已知，把它代入实用公式(8-16)，可求得电动机的电磁转矩，即电动机拖动多大的负载转矩。

$$T_e = 2\frac{T_{max}}{\dfrac{s_m}{s} + \dfrac{s}{s_m}} = \frac{2k_m \dfrac{T_N}{T_L}}{\dfrac{s_m}{s} + \dfrac{s}{s_m}}$$

实用公式计算简单、使用方便，但有一定的适用范围。受磁路饱和程度变化和集肤效应的影响，三相异步电动机的等效电路参数实际上是变化的，如在转差率较大时，由于集肤效

应的影响，转子电阻增大；在定子电流很大时，磁路饱和程度加重，定子、转子漏抗减小。因此，实用公式在 $0 < s < s_\mathrm{m}$ 范围内，计算精度可满足工程要求，但如果用它计算三相异步电动机的起动转矩，则误差很大。

【例 8-1】　一台三相异步电动机的额定功率 $P_\mathrm{N} = 30\mathrm{kW}$，额定电压 $U_\mathrm{N} = 380\mathrm{V}$，额定转速 $n_\mathrm{N} = 980\mathrm{r/min}$，过载倍数 $k_\mathrm{m} = 2.1$，求：(1)该电动机电磁转矩的实用公式；(2)当 $s = 0.015$ 时的电磁转矩；(3)电动机拖动 $200\mathrm{N \cdot m}$ 负载时的转速。

解　(1)额定转差率为

$$s_\mathrm{N} = \frac{n_1 - n_\mathrm{N}}{n_1} = \frac{1000 - 980}{1000} = 0.02$$

临界转差率为

$$s_\mathrm{m} = s_\mathrm{N}\left(k_\mathrm{m} + \sqrt{k_\mathrm{m}^2 - 1}\right) = 0.02 \times \left(2.1 + \sqrt{2.1^2 - 1}\right) = 0.07893$$

额定电磁转矩为

$$T_\mathrm{N} \approx T_{2\mathrm{N}} = 9550\frac{P_\mathrm{N}}{n_\mathrm{N}} = 9550 \times \frac{30}{980} = 292.3(\mathrm{N \cdot m})$$

最大转矩为

$$T_{\max} = k_\mathrm{m}T_\mathrm{N} = 2.1 \times 292.3 = 613.8(\mathrm{N \cdot m})$$

所以，该电动机电磁转矩实用公式为

$$\frac{T_\mathrm{e}}{613.8} = \frac{2}{\dfrac{s}{0.07893} + \dfrac{0.07893}{s}}$$

(2)当 $s = 0.015$ 时，电磁转矩为

$$T_\mathrm{e} = \frac{2 \times 613.8}{\dfrac{0.015}{0.07893} + \dfrac{0.07893}{0.015}} = 225.2(\mathrm{N \cdot m})$$

(3)当 $T_\mathrm{L} = 200\mathrm{N \cdot m}$ 时，电动机的转差率为

$$s = s_\mathrm{m}\left[k_\mathrm{m}\frac{T_\mathrm{N}}{T_\mathrm{L}} - \sqrt{\left(k_\mathrm{m}\frac{T_\mathrm{N}}{T_\mathrm{L}}\right)^2 - 1}\right] = 0.07893 \times \left[\frac{613.8}{200} - \sqrt{\left(\frac{613.8}{200}\right)^2 - 1}\right] = 0.01322$$

电动机的转速为

$$n = (1 - s)n_1 = (1 - 0.01322) \times 1000 = 986.8(\mathrm{r/min})$$

8.2　三相异步电动机固有机械特性和人为机械特性

三相异步电动机的机械特性分固有机械特性和人为机械特性两种，下面分别进行介绍。

8.2.1　固有机械特性

如果电源电压和电源频率均为额定值，且定、转子回路中不串入任何电路元件，这时的

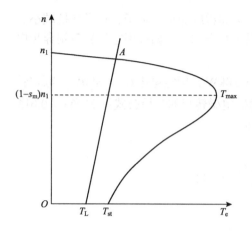

图 8-4　三相异步电动机的固有机械特性

机械特性就是三相异步电动机的固有机械特性，否则就是人为机械特性。

三相异步电动机的固有机械特性如图 8-4 所示。异步电动机的机械特性上有以下三个特殊点。

(1) 同步转速点。$n = n_1$，$s = 0$，$T_e = 0$。这是三相异步电动机的理想空载工作点。

(2) 起动点。$s = 1$，$n = 0$，$T_e = T_{st}$。起动转矩 T_{st} 可由式(8-13)求得。

(3) 临界工作点。$s = s_m$，$n = (1 - s_m)n_1$，$T_e = T_{max}$。临界工作点也是最大转矩点，s_m 和 T_{max} 分别由式(8-8)和式(8-9)计算。临界工作点把机械特性分为两个部分：在同步转速点至临界点(最大转矩点)之间，即在 $(1 - s_m)n_1 < n < n_1$ 范围内，随着电磁转矩 T_e 的增加，转速略微降低，机械特性是下降的；在临界点至起动点之间，即在 $0 < n < (1 - s_m)n_1$ 范围内，随着电磁转矩的增大，转速升高，机械特性是上升的。

把负载机械特性 $n = f(T_L)$ 和电动机的机械特性 $n = f(T_e)$ 画在一起，在两曲线的交点 A 处，$T_e = T_L$，电动机的电磁转矩与负载转矩相平衡。但电动机是否能稳定运行，取决于两曲线在 A 点处的变化率，即还必须满足 $\dfrac{dT_e}{dn} < \dfrac{dT_L}{dn}$ 的条件时，电动机方能稳定运行。

当三相异步电动机拖动恒转矩负载时，由于 T_L 不随转速变化，因此只要电动机的机械特性是下降的，该电力拖动系统就能稳定运行。于是，由图 8-4 可见，异步电动机的稳定运行区是从同步转速点至临界点部分，即在 $0 < s < s_m$ 或 $(1 - s_m)n_1 < n < n_1$ 范围内。

当三相异步电动机拖动风机、泵类负载运行在 $s_m < s < 1$，即 $0 < n < (1 - s_m)n_1$ 范围时，只要满足 $T_e = T_L$ 和 $\dfrac{dT_e}{dn} < \dfrac{dT_L}{dn}$ 的条件，电动机就能稳定运行。不过，这时转速低，转差率大，造成转子电流、定子电流均很大，因此电动机不能长期运行。

8.2.2　人为机械特性

1. 降低定子端电压的人为机械特性

当其他参数保持额定值不变，仅降低定子端电压 U_1 时，异步电动机的人为机械特性如图 8-5 所示，其特点如下：

(1) 因为同步转速 n_1 与电压 U_1 无关，因此，不同 U_1 时的人为机械特性都通过固有机械特性的同步转速点。

(2) 由于电磁转矩 T_e 与 U_1 的平方成正比，因此最大转矩 T_{max} 及起动转矩 T_{st} 都随着 U_1 的降低而按平方规律减小。

(3) 因为临界转差率 s_m 与 U_1 无关，所以无

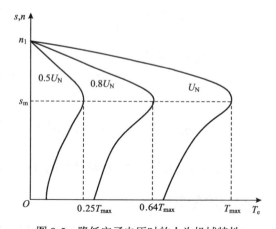

图 8-5　降低定子电压时的人为机械特性

论 U_1 降为多少，最大转矩对应的转差率 s_m 都保持不变。

由图 8-5 可见，当定子电压降低后，稳定运行段的特性变软了，且电动机的起动能力和过载能力显著降低。

2. 转子回路串对称电阻的人为机械特性

三相绕线转子异步电动机的转子回路串入对称电阻 R_{st} 的接线图如图 8-6(a) 所示，串接不同阻值时的人为机械特性曲线如图 8-6(b) 所示。

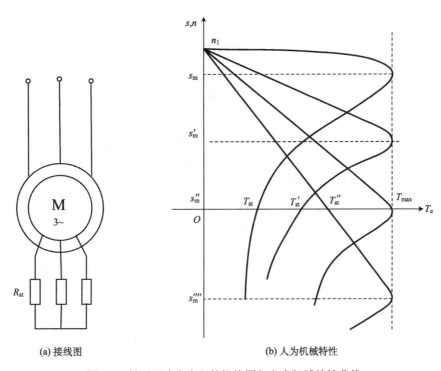

(a) 接线图　　　　　　　　　(b) 人为机械特性

图 8-6　转子回路串电阻的接线图与人为机械特性曲线

图 8-6 中，同步转速 n_1、最大转矩 T_{max} 保持不变。起动转矩 T_{st} 随着串入电阻的增加而增大。串入电阻合适，可以使得 T_{st} 等于 T_{max}；当串入电阻增加太多时，T_{st} 反而减小。起动电流 I_{st} 随串入电阻的增加而减小，临界转差率与转子回路每相总电阻成正比变化，即

$$\frac{s'_m}{s_m} = \frac{R'_2 + R'_{st}}{R'_2} = \frac{k_e k_i (R_2 + R_{st})}{k_e k_i R_2} = \frac{R_2 + R_{st}}{R_2} \tag{8-19}$$

三相绕线转子异步电动机的起动及调速，都会用到转子串电阻的方法。

【**例 8-2**】　一台三相绕线转子异步电动机，其额定功率 $P_N = 110\text{kW}$，额定电压 $U_N = 380\text{V}$，额定转速 $n_N = 1460\text{r/min}$，过载倍数 $k_m = 3.0$，转子每相电阻 $R_2 = 0.028\Omega$。用该电动机提升重物 $T_L = 0.82T_N$，若采用转子串电阻调速。请计算：(1)转子不串电阻提升重物时的转速？(2)要求提升重物的转速为 750r/min 时，转子每相应串多大的电阻？

解　(1)额定转差率为

$$s_N = \frac{n_1 - n_N}{n_1} = \frac{1500 - 1460}{1500} = 0.02667$$

临界转差率为

$$s_{\mathrm{m}} = s_{\mathrm{N}}\left(k_{\mathrm{m}} + \sqrt{k_{\mathrm{m}}^2 - 1}\right) = 0.02667 \times \left(3.0 + \sqrt{3.0^2 - 1}\right) = 0.15544$$

转子不串电阻提升重物时的转差率为

$$s = s_{\mathrm{m}}\left[k_{\mathrm{m}}\frac{T_{\mathrm{N}}}{T_{\mathrm{L}}} - \sqrt{\left(k_{\mathrm{m}}\frac{T_{\mathrm{N}}}{T_{\mathrm{L}}}\right)^2 - 1}\right] = 0.15544 \times \left[\frac{3.0}{0.82} - \sqrt{\left(\frac{3.0}{0.82}\right)^2 - 1}\right] = 0.02165$$

换算成转速为

$$n = (1-s)n_1 = (1-0.02165) \times 1500 = 1467.5(\mathrm{r/min})$$

(2) 转速为 750r/min 时的转差率为

$$s' = \frac{n_1 - n}{n_1} = \frac{1500 - 750}{1500} = 0.5$$

由于转子回路串接电阻后，其机械特性改变，但最大转矩不变，而其临界转差率与转子回路的电阻成正比。因此把 $s' = 0.5$、$T = T_{\mathrm{L}}$ 代入电磁转矩实用公式，这时需求出转子回路串接电阻之后的机械特性的临界转差率 s'_{m}。由于

$$\frac{T_{\mathrm{L}}}{k_{\mathrm{m}}T_{\mathrm{N}}} = \frac{2}{\dfrac{s'_{\mathrm{m}}}{s'} + \dfrac{s'}{s'_{\mathrm{m}}}}$$

上式中只有临界转差率 s'_{m} 是未知数，由于它是一元二次方程，利用求根公式来求 s'_{m}，经进一步化简后得临界转差率 s'_{m} 为

$$s'_{\mathrm{m}} = s'\left[k_{\mathrm{m}}\frac{T_{\mathrm{N}}}{T_{\mathrm{L}}} + \sqrt{\left(k_{\mathrm{m}}\frac{T_{\mathrm{N}}}{T_{\mathrm{L}}}\right)^2 - 1}\right] = 0.5 \times \left[\frac{3.0T_{\mathrm{N}}}{0.82T_{\mathrm{N}}} + \sqrt{\left(\frac{3.0T_{\mathrm{N}}}{0.82T_{\mathrm{N}}}\right)^2 - 1}\right] = 3.589$$

从式 (8-19) 可知，转子每相应串电阻为

$$R_{\mathrm{st}} = \left(\frac{s'_{\mathrm{m}}}{s'} - 1\right)R_2 = \left(\frac{3.589}{0.15542} - 1\right) \times 0.028 = 0.6186(\Omega)$$

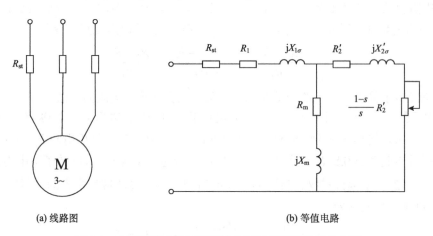

(a) 线路图　　　　　　　　　　　(b) 等值电路

图 8-7　定子回路串接三相对称电阻的接线图及等效电路

3. 定子回路串接对称电阻或电抗的人为机械特性

1) 定子回路串接对称电阻

三相异步电动机定子回路串接三相对称电阻 R_{st} 的线路如图 8-7(a)所示，其对应的等效电路如图 8-7(b)所示。

定子回路串接三相对称电阻 R_{st} 并不影响同步转速 n_1，所以 n_1 保持不变。从式(8-9)、式(8-13)、式(8-8)可知，此时最大转矩 T_{max}、起动转矩 T_{st} 以及 s_m 都随串接三相对称电阻 R_{st} 的增大而减小。定子回路串接三相对称电阻 R_{st} 时的人为机械特性曲线如图 8-8 所示。

鼠笼式异步电动机起动时，为限制起动电流，有时就采取这种办法。尽管电源电压为额定电压 U_{1N}，但是实际加在电机定子端的电压 U_1 却降低了，因而异步电动机的起动电流减小。

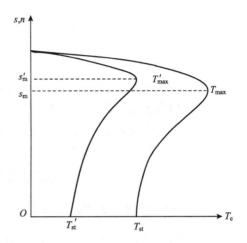

图 8-8　定子回路串接三相对称
电阻的人为机械特性曲线

2) 定子回路串接对称电抗

三相异步电动机定子回路串接对称电抗的线路图及人为机械特性曲线如图 8-9 所示。它的人为机械特性和定子回路串接对称电阻的人为机械特性相似，同步转速 n_1 同样保持不变，由于串入电抗，T_{max}、T_{st} 以及 s_m 都减小了。

鼠笼式异步电动机起动时，有时也采用这种方法。它比定子串电阻方法节省电能，但电抗器设备成本高。

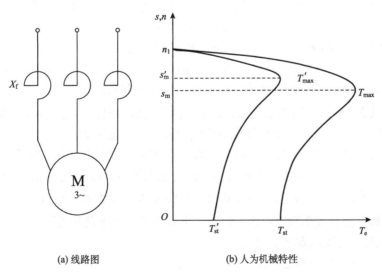

(a) 线路图　　　　　　　　　(b) 人为机械特性

图 8-9　定子回路串接对称电抗的线路图与人为机械特性曲线

8.3　三相异步电动机的起动

将异步电动机定子绕组接入交流电网，如果电动机的电磁转矩能够克服其轴上的阻力转矩，电动机就将从静止加速到某一转速稳态运行，这个过程称为起动。

异步电动机定子施加额定电压起动，在开始瞬间，即 $s=1$ 时，其电磁转矩为起动转矩 T_{st}，定子电流为起动电流 I_{st}。通常对起动的希望是 T_{st} 足够大，而 I_{st} 不要过大，因此异步电动机起动的主要性能指标是起动转矩倍数 k_{st} 和起动电流倍数 k_{sti}。此外，还要求起动时能量消耗少，起动设备简便可靠，易于操作和维护等。

8.3.1　三相异步电动机的起动方法

三相鼠笼式异步电动机的起动方法有全压起动和降压起动两种。

1. 全压起动

把异步电动机定子绕组通过开关或者接触器直接接到额定电压的交流电源上进行起动，称为全压起动。起动开始的瞬间，$n=0$，$s=1$，根据 T 形等效电路可知，起动电流 I_{st} 主要由定、转子阻抗 $(Z_1 + Z_2')$ 来限制。由于阻抗数值较小，因此鼠笼式异步电动机的起动电流倍数 k_{sti} 较大。起动时，主磁通 Φ 约减至额定运行时的一半($Z_1 \approx Z_2'$ 时)，同时转子回路功率因数 $\cos\varphi_2$ 很低。因此，尽管起动电流 I_{st} 很大，但起动转矩 $T_{st} = C_T \Phi I_2 \cos\varphi_2$ 却并不很大。

全压起动的优点是设备和操作简单，主要缺点是起动电流较大，而起动转矩并不大。起动电流较大会产生一些不利影响：

(1) 频繁出现短时大电流，会使电动机内部发热较多，因此通常要限制电动机每小时的起动次数，以避免电动机内部绝缘材料因过热而损坏。

(2) 当供电变压器的额定容量相对于电动机的额定功率不是足够大时，较大的起动电流可能使变压器输出电压下降幅度较大，例如，10%甚至更多，这一方面使正在起动的异步电动机的电磁转矩下降较多(因 $T_e \propto U^2$)，重载时可能无法起动；另一方面，会影响由同一变压器供电的其他负载。因此，当供电变压器额定容量不足够大时，不允许异步电动机全压起动。通常容量在 7.5kW 以下的小功率鼠笼式异步电动机可以全压起动。

起动转矩 T_{st} 是否足够大，与电动机负载转矩 T_L 的大小和对起动时间的要求有关。通常在 $T_{st} \geqslant 1.1 T_L$ 的条件下，电动机才能正常起动。因此电动机空载或轻载起动时，一般对 T_{st} 要求不高。但若是重载起动，或者要求快速起动，就要选择 T_{st} 较大的电动机。

异步电动机能否直接在额定电压下起动，主要应考虑以下几种情况：

(1) 电动机与供电变压器的容量比。

(2) 电动机与供电变压器之间供电线路的长度。

(3) 与电动机共用一台变压器的其他负载对电压稳定性的要求。

(4) 起动是否频繁。

(5) 拖动系统的转动惯量大小。

如果用电单位没有独立变压器，并且电动机与照明负载共用电源时，允许直接起动的电动机最大容量，应使起动时电源的电压降低不超过电源额定电压的 5%。

2. 降压起动

在三相异步电动机起动时，为了减小起动电流，需降低定子电压，这就是降压起动。降压起动时，电磁转矩会随着定子电压的降低而减小，因此降压起动适用于对起动转矩要求不高的场合，如空载或轻载起动。常用的降压起动方法有如下四种：

(1) 定子回路串接电抗器或电阻降压起动。

(2) 自耦变压器降压起动。

(3) 星-三角降压起动。

(4) 软起动。

定子回路串接电阻或电抗以及自耦变压器的起动方法会在后面介绍，这里我们先研究星-三角降压起动的原理及分析计算。

1) 星-三角(Y-△)降压起动

凡是在正常运行时，定子绕组接成△联结的三相鼠笼式异步电动机，为了减小起动电流，可以采用 Y-△降压起动方法。起动时，电动机定子绕组接成 Y 联结，起动后改接成△联结，如图 8-10 所示。起动开始时，开关 Q1 闭合，Q2 向下拨至 Y 位置，此时电动机定子绕组接成 Y 联结，待转速升高到一定程度后，开关 Q2 打开，开关 Q3 闭合，定子绕组改接成△联结，电动机进入全压供电正常运行状态。

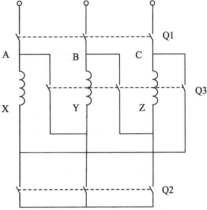

图 8-10　星-三角降压起动接线图

电动机直接起动时，定子绕组△联结，每相绕组上的电压 $U_1 = U_N$，每相起动电流为 $I_{st\triangle}$。采用 Y-△降压起动，起动时定子绕组 Y 联结，每相绕组上的起动电压 U_1' 为

$$U_1' = \frac{U_N}{\sqrt{3}} \tag{8-20}$$

每相起动电流 I_{stY} 为

$$\frac{I_{stY}}{I_{st\triangle}} = \frac{U_1'}{U_1} = \frac{U_N/\sqrt{3}}{U_N} = \frac{1}{\sqrt{3}} \tag{8-21}$$

电动机直接起动和 Y-△降压起动时的电压和电流关系如图 8-11 所示。

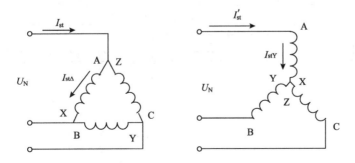

图 8-11　电动机直接起动和 Y-△降压起动时的电压和电流关系

由图 8-11 可看出，电动机直接起动时，对供电变压器造成冲击的起动电流 I_{st} 为

$$I_{st} = \sqrt{3}I_{st\triangle} \tag{8-22}$$

而 Y-△ 降压起动时，对供电变压器造成冲击的起动电流 $I'_{st} = I_{stY}$，所以

$$\frac{I'_{st}}{I_{st}} = \frac{I_{stY}}{\sqrt{3}I_{st\triangle}} = \frac{1}{3} \tag{8-23}$$

式(8-23)说明，虽然 Y-△ 降压起动时其相电压和相电流与直接起动时相比都降低到原来的 $\frac{1}{\sqrt{3}}$，但是对供电变压器造成冲击的起动电流却降低到直接起动时的 $\frac{1}{3}$。

设 T_{st}、T'_{st} 分别是直接起动和 Y-△ 降压起动时的起动转矩，则

$$\frac{T'_{st}}{T_{st}} = \left(\frac{U'_1}{U_1}\right)^2 = \frac{1}{3} \tag{8-24}$$

式(8-24)表明，Y-△ 降压起动时电动机起动转矩降低到直接起动时的 $\frac{1}{3}$。表 8-1 为 Y-△ 降压起动与全压起动的比较。

表 8-1　Y-△降压起动与全压起动的比较

起动方式	定子相电压	定子相电流	起动时的电网线电流	起动转矩
全压起动(△联结)	U_N	$I_\triangle$	$I_{st} = \sqrt{3}I_\triangle$	T_{st}
星-三角降压起动(Y联结)	$\frac{1}{\sqrt{3}}U_N$	$I_Y = \frac{1}{\sqrt{3}}I_\triangle$	$I_{stY} = I_Y = \frac{1}{\sqrt{3}}I_\triangle = \frac{1}{3}I_{st}$	$\frac{1}{3}T_{st}$

2) 软起动

近年来，工业生产中开始采用三相异步电动机软起动技术，以代替传统的降压起动方式。典型的软起动器(也称固态软起动器)采用如图 8-12 所示的主电路，即把三对反向并联的晶闸

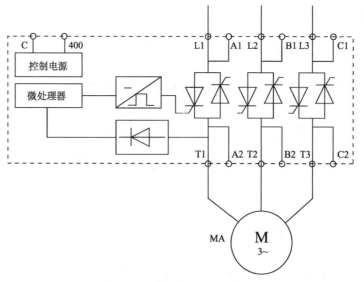

图 8-12　软起动器原理示意图

管串接在异步电动机定子三相电路中,通过改变晶闸管的导通角来调节定子电压,使其按照设定的规律变化来实现各种软起动方式。

常用的软起动方式主要有以下三种。

(1) 斜坡升压起动方式。

斜坡升压起动特性曲线如图 8-13 所示。此种起动方式一般可设定起动初始电压 U_{qo} 和起动时间 t_1。这种起动方式断开电流反馈,属于开环控制方式。在电动机起动过程中,电压线性逐渐增加,在设定的时间内达到额定电压。这种起动方式主要用于一台软起动器并接多台电动机的情况,或电动机功率远低于软起动器额定值的应用场合。

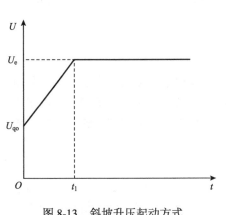

图 8-13　斜坡升压起动方式

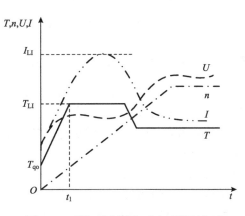

图 8-14　转矩控制及起动电流限制起动

(2) 转矩控制及起动电流限制起动方式。

转矩控制及起动电流限制起动特性曲线如图 8-14 所示。此种起动方式一般可设定起动初始转矩 T_{qo}、起动阶段转矩限幅 T_{LI},转矩斜坡上升时间 t_1 和起动电流限幅 I_{LI}。这种起动方式引入电流反馈,通过计算间接得到负载转矩,属闭环控制方式。由于控制目标为转矩,故软起动器输出电压为非线性上升。图 8-14 中同时给出起动过程中转矩 T、电压 U、电流 I 和电动机转速 n 的曲线,其中转速曲线为恒加速度上升。

在电动机起动过程中,保持恒定的转矩使电动机转速以恒定的加速度上升,实现平稳起动。在电动机起动的初始阶段,起动转矩逐渐增加,当转矩达到预先所设定的限幅值后保持恒定,直至起动完毕。在起动过程中,转矩上升的速率可根据电动机的负载情况调整设定。斜坡陡,转矩上升速率大,即加速度上升速率大,起动时间短。当负载较轻或空载起动时,所需起动转矩较低,可使斜坡缓和一些。由于在起动过程中,控制目标为电动机转矩,即电动机的加速度,即使电网电压发生波动或负载发生波动,经控制电路自动增大或减小起动器的输出电压,也可以维持转矩设定值不变,保持起动的恒加速度。这种控制方式可以使电动机以最佳的起动加速度、最快的时间完成平稳起动,是应用最多的起动方式。

随着软起动器控制技术的发展,目前大多采用转矩控制的方式,也有采用电流控制的方式,即电流斜坡控制及恒流升压起动方式。这种方式间接控制电动机电流来达到控制转矩的目的,与转矩控制方式相比起动效果略差,但控制相对简单。

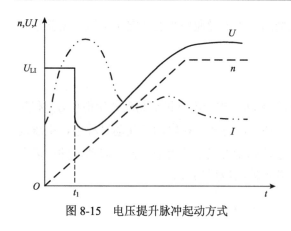

图 8-15　电压提升脉冲起动方式

(3)电压提升脉冲起动方式。

电压提升脉冲起动方式特性曲线如图 8-15 所示。这种起动方式一般可设定电压提升脉冲限幅 U_{LI}。升压脉冲宽度一般为 5 个电源周波，即 100ms。在起动开始阶段，晶闸管在极短时间内按设定升压幅值起动，可得到较大的起动转矩，此阶段结束后，转入转矩控制及起动电流限制起动方式。该起动方式适用于重载并需要克服较大静摩擦的起动场合。

8.3.2　改善起动性能的三相异步电动机

鼠笼式异步电动机的优点显著，但是起动转矩小，起动电流很大。为了改善这种电动机的起动性能，可以从转子槽形着手，利用"集肤效应"使起动时转子电阻增大，以增大起动转矩并减小起动电流，在正常运行时转子电阻又能自动变小。深槽与双鼠笼式就是改善起动性能的异步电动机。

1. 深槽异步电动机

这种电动机的槽形窄而深，通常槽深 h 与槽宽 b 之比 $h/b = 10 \sim 12$。沿 h 方向转子导条由许多根小的股线并联组成(在图 8-16(a)中只显示出上下两小股线，用打斜纹线的小扁块表示)，由图中槽漏磁通的分布可见，下面的小股线所链的漏磁通比上部的股线要多得多，因此槽底比槽口股线的漏电抗大。在起动时，转子频率较高，漏电抗较大，成为漏阻抗中的主要部分，导条中的电流密度 j 的分布将自上而下逐步减小，如图 8-16(b)所示。电流大部分集中到导条的上部，这种现象称为电流的集肤效应。由于这一效应，导条的槽底部分作用很小，这相当于减小了导体的有效高度和截面(图 8-16(c))，使转子电阻 R_2 增大，从而增加了起动转矩，限制了起动电流。

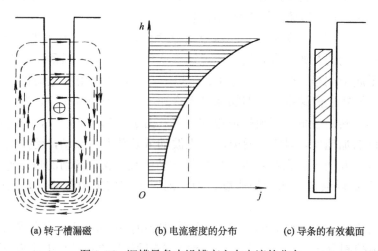

(a) 转子槽漏磁　　　　　(b) 电流密度的分布　　　　(c) 导条的有效截面

图 8-16　深槽导条中沿槽高方向电流的分布

转子频率越高，槽高越大，集肤效应越强。当起动完毕时，频率 f_2 仅为 1～3Hz，集肤效应基本消失，转子导条内的电流均匀分布，导条电阻变为较小的直流电阻。

目前鼠笼式异步电动机的转子槽一般较深，还采用瓶形槽等结构，以改善其起动性能。

2. 双鼠笼式异步电动机

这种异步电动机的转子上有两套导条，如图 8-17(a)所示的上笼与下笼，两笼间由狭长的缝隙隔开，显然与下笼相链的漏磁通(即下笼的漏抗)比上笼大得多。上笼通常用电阻系数较大的黄铜或铝青铜制成，且导条截面较小，故电阻较大；下笼截面较大，用紫铜等电阻系数较小的材料制成，故电阻较小。

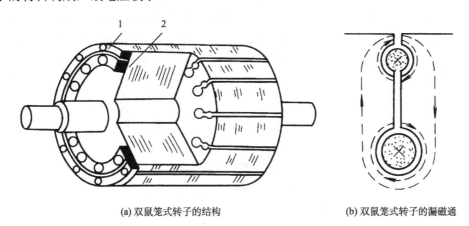

(a) 双鼠笼式转子的结构　　　　　　　　　　(b) 双鼠笼式转子的漏磁通

图 8-17　双鼠笼式转子的结构与漏磁通

1. 上笼；2. 下笼

起动时，转子电流频率较高，下笼漏抗大，故电流小，电流大部分流过上笼，集肤效应显著。上笼电阻大，流过电流大，产生较大的起动转矩，在起动时起主要作用，因此有时上笼也称为起动笼，其对应的机械特性在图 8-18 中为 T_1；起动结束，电动机进入正常运行，转子频率很小，两笼的漏抗都很小，电流在两笼间的分配主要决定于电阻，此时电流主要流过电阻较小的下笼，因此下笼在运行时起主要作用，有时称为运行笼，其对应的机械特性在图 8-18 中为 T_2。

在不同转速下把 T_1 与 T_2 叠加，可得双鼠笼式异步电动的合成机械特性 T_e。由 $n = f(T_e)$ 曲线可见，双鼠笼式异步电动机具有较好的起动特性。

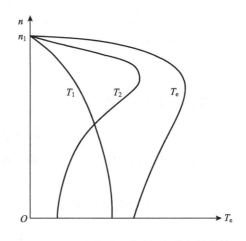

图 8-18　双鼠笼式异步电动机的机械特性

上述两种改善起动性能的异步电动机，与普通鼠笼式异步电动机相比，因转子漏抗较大，故额定功率因数及最大转矩稍低，而且用铜量较多，制造工艺(特别是双鼠笼式)也较复杂，因此价格较高。一般用于要求起动转矩较高的生产机械上。

8.3.3　三相鼠笼式异步电动机定子对称起动电阻或电抗的计算

1. 串电阻起动

三相鼠笼式异步电动机定子串联对称电阻的起动线路如图 8-19 所示。现介绍定子串联的对称起动电阻 R_{st} 的计算方法。

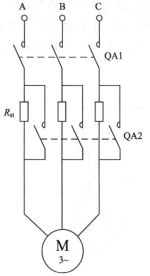

图 8-19　三相鼠笼式异步电动机定子
串联对称电阻的起动线路图

设全压起动时，电动机的起动电流为 I_{1st}（$I_{1st} = k_{sti} I_{1N}$，k_{sti} 为起动电流倍数），起动转矩为 T_{st}（$T_{st} = k_{st} T_N$，k_{st} 为起动转矩倍数）。

当电动机定子串联 R_{st} 起动时，设起动电流降为 I'_{1st}（$I'_{1st} = a_I I_{1N}$，a_I 为串联 R_{st} 后起动电流倍数），起动转矩降为 T'_{st}（$T'_{st} = a_T T_N$，a_T 为串联 R_{st} 后的起动转矩倍数）。

$$\frac{I_{1st}}{I'_{1st}} = \frac{k_{sti}}{a_I} = a \tag{8-25}$$

$$\frac{T_{st}}{T'_{st}} = \frac{k_{st}}{a_T} = b \tag{8-26}$$

起动时 $s = 1$，若忽略 I_0，则 $I_1 = I'_2$，故 $T_{st} \propto I_{1st}^2$，由式(8-25)及式(8-26)得

$$a^2 = b \tag{8-27}$$

根据式(8-25)、$I_{1st} = a I'_{1st}$，忽略 I_0 时，得

$$\frac{U_1}{\sqrt{\left(R_1 + R'_2\right)^2 + \left(X_{1\sigma} + X'_{2\sigma}\right)^2}} = a\frac{U_1}{\sqrt{\left(R_1 + R'_2 + R_{st}\right)^2 + \left(X_{1\sigma} + X'_{2\sigma}\right)^2}} \tag{8-28}$$

化简式(8-28)，并假设 $R_1 + R'_2 = R$，$X_{1\sigma} + X'_{2\sigma} = X$，得

$$R_{st} = \sqrt{\left(a^2 - 1\right)X^2 + a^2 R^2} - R \tag{8-29}$$

根据式(8-27)，R_{st} 又可写成

$$R_{st} = \sqrt{(b-1)X^2 + bR^2} - R \tag{8-30}$$

由式(8-29)及式(8-30)，按一般电动机的平均数值可令

$$R \approx (0.25 \sim 0.4)Z \tag{8-31}$$

式中，当定子绕组为星形联结时，

$$Z = \frac{U_{1N}}{\sqrt{3}I_{1st}} = \frac{U_{1N}}{\sqrt{3}k_{sti}I_{1N}}$$

当定子绕组为三角形联结时，

$$Z = \frac{\sqrt{3}U_{1N}}{I_{1st}} = \frac{\sqrt{3}U_{1N}}{k_{sti}I_{1N}}$$

$$X = \sqrt{Z^2 - R^2} \approx (0.91 \sim 0.97)Z \tag{8-32}$$

系数 a、b 的数值由生产机械的要求决定，必须保证降压起动时，电动机降低的起动转

矩 T_{st}' 应大于负载转矩 T_L，使电动机能动起来。除了限制起动电流，有时减小起动转矩为其主要目的，以减轻对机构的冲击，并保证平稳加速。

【例 8-3】 一台三相鼠笼式异步电动机电压 $U_N = 380V$，$I_N = 13.6A$，起动电流倍数 $k_{sti} = 4.4$，起动转矩倍数 $k_{st} = 3$。试就下列两种情况，求定子串接电阻 R_{st}。

(1) 起动电流减小到直接起动时的一半；

(2) 起动转矩减小到直接起动时的一半。

解 定子星形联结时，

$$Z = \frac{U_{1N}}{\sqrt{3}k_{sti}I_{1N}} = \frac{380}{\sqrt{3} \times 4.4 \times 13.6} = 3.67(\Omega)$$

$$R = 0.4Z = 0.4 \times 3.67 = 1.47(\Omega)$$

$$X = 0.91Z = 0.91 \times 3.67 = 3.34(\Omega)$$

(1) $a = 2$ 时，有

$$R_{st} = \sqrt{\left(a^2 - 1\right)X^2 + a^2 R^2} - R = \sqrt{\left(2^2 - 1\right) \times 3.34^2 + 2^2 \times 1.47^2} - 1.47 = 5(\Omega)$$

(2) $b = 2$ 时，有

$$R_{st} = \sqrt{\left(b - 1\right)X^2 + bR^2} - R = \sqrt{\left(2 - 1\right) \times 3.34^2 + 2 \times 1.47^2} - 1.47 = 2.46(\Omega)$$

2. 串电抗器起动

在三相异步电动机起动时，将三相电抗器串接在定子回路中，起动后切除电抗器，转为正常运行，这种起动方式称为电抗器起动。起动原理如图 8-20 所示，电动机起动时，接触器 QA1 触点闭合、QA2 断开，电抗器 X 串入定子电路；起动完毕之后，QA2 触点闭合，把电抗器 X 切除，电动机进入正常运行状态。

三相异步电动机直接起动时，其每相等效电路如图 8-21(a) 所示，此时起动电流 I_{st} 为

$$I_{st} = \frac{U_1}{\sqrt{R_k^2 + X_k^2}} = \frac{U_1}{|Z_k|} \tag{8-33}$$

式中，U_1 为定子额定相电压，$Z_k = R_k + jX_k$ 为短路阻抗。

电动机定子回路串入电抗器起动时，其每相等效电路如图 8-21(b) 所示。从该等效电路可以得出

$$\dot{U}_1 = \dot{I}_{st}'(Z_k + jX) \tag{8-34}$$

$$\dot{U}_1' = \dot{I}_{st}' Z_k \tag{8-35}$$

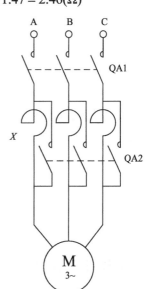

图 8-20 三相异步电动机定子串电抗器降压起动电路图

由于三相异步电动直接起动时转子功率因数很低，即在 $Z_k = R_k + jX_k$ 中，$X_k > 0.9Z_k$，因此可以近似地认为 $Z_k \approx X_k$，其误差不大，这样就可方便地把 Z_k 看成电抗性质，并可把它直接与 X 相加，于是有

$$\frac{U_1'}{U_1} = k = \frac{Z_k}{Z_k + X} \tag{8-36}$$

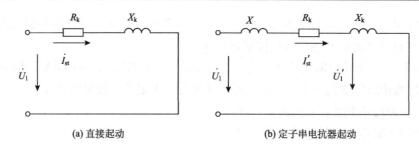

(a) 直接起动　　　　　　　　　　　　(b) 定子串电抗器起动

图 8-21　三相异步电动机直接起动和定子串电抗器起动时的等效电路

$$\frac{I'_{st}}{I_{st}} = \frac{U'_1}{U_1} = k = \frac{Z_k}{Z_k + X} \tag{8-37}$$

$$\frac{T'_{st}}{T_{st}} = \left(\frac{U'_1}{U_1}\right)^2 = k^2 = \left(\frac{Z_k}{Z_k + X}\right)^2 \tag{8-38}$$

从式(8-36)～式(8-38)可以看出，其电压、电流均为相值，若用其线值时，上面的式子变为

$$\begin{cases} \dfrac{U'}{U_N} = k = \dfrac{Z_k}{Z_k + X} \\[3mm] \dfrac{I'_{st}}{I_{st}} = k = \dfrac{Z_k}{Z_k + X} \\[3mm] \dfrac{T'_{st}}{T_{st}} = k^2 = \left(\dfrac{Z_k}{Z_k + X}\right)^2 \end{cases} \tag{8-39}$$

如果是先给定线路所允许的起动电流 I'_{st}，那么可利用式(8-39)来计算所需要串接的电抗器 X。

$$\frac{I'_{st}}{I_{st}} = k = \frac{Z_k}{Z_k + X}$$

$$kZ_k + kX = Z_k$$

$$X = \frac{1-k}{k} Z_k \tag{8-40}$$

其中，短路阻抗 Z_k（假定定子绕组为 Y 联结）为

$$Z_k = \frac{U_N}{\sqrt{3} I_{st}} = \frac{U_N}{\sqrt{3} k_{sti} I_N} \tag{8-41}$$

采用电抗器起动，定子电流(即电网线电流)减小到全压起动时的 $1/k$，电磁转矩减小为全压起动时的 $1/k^2$。

三相异步电动机定子回路串接电抗器或电阻起动，可降低起动电流，但电动机起动转矩下降较多，只适合于空载或轻载的场合。与定子回路串电阻的起动方法相比，定子回路串电抗的优点是不消耗电能，所以容量较大的电动机多采用定子串电抗起动，但缺点是电抗器设备费用较昂贵。

8.3.4　三相鼠笼式异步电动机起动自耦变压器的计算

三相鼠笼式异步电动机自耦变压器降压起动原理图如图 8-22 所示。起动时,定子绕组通过自耦变压器接到三相电源上,待电动机的转速升高到一定程度后,自耦变压器切除,电动机定子绕组直接接到三相电源上,电动机进入正常运行。

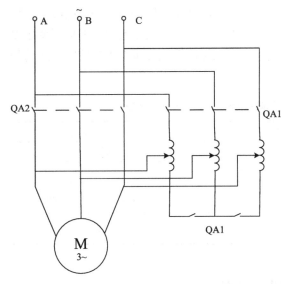

图 8-22　自耦变压器降压起动原理图

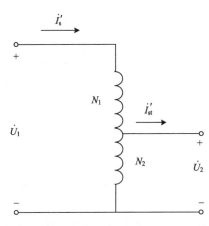

图 8-23　自耦变压器的一相电路图

自耦变压器起动器,又称起动补偿器或自耦降压起动器。自耦变压器连接时,高压边接电源,低压边接电动机,其一相电路图如图 8-23 所示。

设自耦变压器的一次电压与二次电压之比为 k,则

$$k = \frac{U_1}{U_2} = \frac{N_1}{N_2} \tag{8-42}$$

式中, N_1、N_2 分别为自耦变压器的一次与二次绕组的匝数。

电动机降压起动时起动电流 I'_{2st} 与直接起动时的起动电流 I_{st} 之间的关系为

$$\frac{I'_{2st}}{I_{st}} = \frac{U_2}{U_1} = \frac{1}{k} \tag{8-43}$$

自耦变压器一次电流 I'_{1st} 与二次电流 I'_{2st} 之间的关系为

$$\frac{I'_{1st}}{I'_{2st}} = \frac{U_2}{U_1} = \frac{1}{k} \tag{8-44}$$

因此,自耦变压器起动对电源冲击电流与直接起动时相比为

$$\frac{I'_{1st}}{I_{st}} = \frac{1}{k^2} \tag{8-45}$$

上式表明,采用自耦变压器降压起动,虽然电动机定子电压下降到直接起动时的 $1/k$,但是对电源造成的冲击电流却只有直接起动时的 $1/k^2$。

自耦变压器降压起动时电动机的起动转矩为 T'_{st},与直接起动时的起动转矩 T_{st} 之间的关

系为

$$\frac{T'_{st}}{T_{st}} = \left(\frac{U_2}{U_1}\right)^2 = \frac{1}{k^2} \tag{8-46}$$

式 (8-46) 表明，采用自耦变压器降压起动时，电动机的起动转矩也只有直接起动时的 $1/k^2$。

实际中用于起动的自耦变压器都备有几组抽头 (即一次、二次绕组匝数比不同) 供选用。自耦变压器起动与电抗器起动相比，当限定的起动电流相同时，起动转矩损失较少；与星-三角降压起动相比，比较灵活，且当 k 值较大时，可以拖动较大的负载起动。但自耦变压器体积相对较大、价格较高，而且也不能带重负载起动。三相鼠笼式异步电动机的降压起动与全压起动的比较见表 8-2。

表 8-2　三相鼠笼式异步电动机的降压起动与全压起动的比较

起动方法	相电压相对值	起动电流相对值	起动电磁转矩相对值	起动设备情况
全压起动	1	1	1	最简单
电抗器起动	$k(k<1)$	k	k^2	一般
星-三角起动	$\frac{1}{\sqrt{3}}$	$\frac{1}{3}$	$\frac{1}{3}$	简单，仅适用于三角形联结的电动机
自耦变压器起动	$k(k>1)$	$\frac{1}{k^2}$	$\frac{1}{k^2}$	较复杂

8.3.5　三相绕线转子异步电动机转子对称起动电阻的计算

三相绕线转子异步电动机的转子回路中可以接入附加电阻或交流电动势。利用这一特点，起动时，在每相转子回路中串入适当的附加电阻，既可以减小起动电流，又可增加主磁通，提高转子功率因数，从而增大起动转矩。

1. 转子串接电阻起动

图 8-24 (a) 为三相绕线转子异步电动机转子串接电阻后机械特性的变化情况，可在每相转子回路中串入适当的附加电阻 (也称起动电阻) R_{st}，使起动转矩增至最大转矩 T_{max}。由式 $s_m = \pm\dfrac{R'_2}{X_{1\sigma} + X'_{2\sigma}}$，令 $s_m = 1$，即可求出此时所需的每相附加电阻 R_{st} 的折合值为

$$R'_{st} = \left(X_{1\sigma} + X'_{2\sigma}\right) - R'_2$$

为了在起动中一直产生较大的电磁转矩，通常采用转子串接电阻分级起动。图 8-24 (a) 所示为将每相起动电阻分为 R_{st1}、R_{st2}、R_{st3} 三级的情况，QA1、QA2 和 QA3 为各级接触器的常开触点。在起动中，根据转速的变化情况，依次令图中的接触器触点 QA3、QA2 和 QA1 闭合，逐步切除各级起动电阻，直至将转子三相绕组短路。这样可使机械特性随转速的升高而向上移动，产生较大的起动转矩，如图 8-24 (b) 所示。

在起动过程中，逐级切换起动电阻，电磁转矩 T_e 就在最大起动转矩 T_{st1} 和最小起动转矩 T_{st2} 之间变化。T_{st2} 称为切换转矩，它的大小与起动电阻的级数有关，级数越小，T_{st2} 就越小，一般选择 $T_{st2} = (1.1\sim1.2)T_N$；而最大起动转矩一般限制在 $T_{st1} = (1.5\sim2.0)T_N$。

为了简化计算，可将异步电动机运行段 $(0 < s < s_m)$ 的机械特性曲线近似视为一条直线，其线性化表达式为

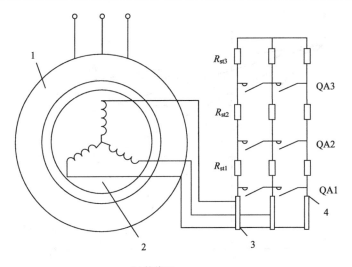

(a) 接线图

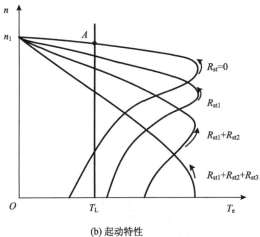

(b) 起动特性

图 8-24　三相绕线转子异步电动机转子串接电阻起动

1. 定子；2. 转子；3. 集电环；4. 电刷

$$T_\mathrm{e} = \frac{2T_\mathrm{max}}{s_\mathrm{m}} s \tag{8-47}$$

机械特性如图 8-25 所示。

根据

$$s_\mathrm{m} = \frac{R_2' + R_\mathrm{st}'}{X_{1\sigma} + X_{2\sigma}'}$$

有

$$T_\mathrm{e} = \frac{2T_\mathrm{max}}{s_\mathrm{m}} s = \frac{2(X_{1\sigma} + X_{2\sigma}') T_\mathrm{max}}{R_2' + R_\mathrm{st}'} s$$

在图 8-25 中，有 $s_B = s_C$，由于 T_max 不随转子所串电阻 R_st 改变，所以

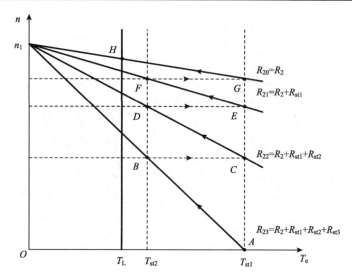

图 8-25　三相绕线式转子异步电动机转子串接电阻起动机械特性

$$\frac{T_{st1}}{T_{st2}}=\frac{T_C}{T_B}=\frac{\dfrac{s_C}{R_{22}}}{\dfrac{s_B}{R_{23}}}=\frac{R_{23}}{R_{22}}$$

由于 $s_D=s_E$，$s_F=s_G$，同理可得

$$\frac{T_{st1}}{T_{st2}}=\frac{R_{22}}{R_{21}}=\frac{R_{21}}{R_2}$$

所以

$$\frac{R_{23}}{R_{22}}=\frac{R_{22}}{R_{21}}=\frac{R_{21}}{R_2}=\frac{T_{st1}}{T_{st2}}=\beta \tag{8-48}$$

式中，β 为切换转矩比，也是相邻两级起动电阻之比。

因此，对于 m 级串电阻起动，转子的各级起动总电阻为

$$\begin{cases} R_{21}=\beta R_2 \\ R_{22}=\beta R_{21}=\beta^2 R_2 \\ R_{23}=\beta^3 R_2 \\ \quad\vdots \\ R_{2m}=\beta^m R_2 \end{cases} \tag{8-49}$$

各级外串起动电阻为

$$\begin{cases} R_{st1}=R_{21}-R_2=(\beta-1)R_2 \\ R_{st2}=R_{22}-R_{21}=(\beta^2-\beta)R_2=\beta R_{st1} \\ R_{st3}=\beta R_{st2} \\ \quad\vdots \end{cases} \tag{8-50}$$

其中，转子本身的每相电阻 R_2 可以根据铭牌数据近似求出。

假定三相绕线转子异步电动机转子绕组为星形联结，转子额定电动势为 E_{2N}，转子额定电流为 I_{2N}，电动机额定运行的转差率为 s_N，则转子每相阻抗的模为

$$|Z_2| = \frac{s_N E_{2N}}{\sqrt{3} I_{2N}} = \sqrt{R_2^2 + (s_N X_2)^2}$$

由于 s_N 很小，可以认为 $R_2 \gg s_N X_2$，因此

$$R_2 \approx \frac{s_N E_{2N}}{\sqrt{3} I_{2N}} \tag{8-51}$$

在图 8-25 的 H 点（额定运行点）和 A 点（起动点）处，有

$$T_N = \frac{2(X_{1\sigma} + X'_{2\sigma})T_{max}}{R'_2} s_N$$

$$T_{st1} = \frac{2(X_{1\sigma} + X'_{2\sigma})T_{max}}{R'_{2m}} s_A = \frac{2(X_{1\sigma} + X'_{2\sigma})T_{max}}{R'_{2m}}$$

此处 $R'_{2m} = R_{23}$，将以上两式相除得

$$\frac{R'_{2m}}{R'_2} = \frac{T_N}{s_N T_{st1}} \tag{8-52}$$

由式（8-49）和式（8-52）可得

$$\beta = \sqrt[m]{\frac{R'_{2m}}{R'_2}} = \sqrt[m]{\frac{T_N}{s_N T_{st1}}} \tag{8-53}$$

$$m = \frac{\lg\left(\frac{T_N}{s_N T_{st1}}\right)}{\lg \beta} \tag{8-54}$$

若给定起动级数 m，则可由式（8-53）确定切换转矩比 β，然后根据式（8-49）和式（8-50）计算各级起动电阻。

若分级起动级数 m 未知，则可先按要求预选 T_{st1} 和 T_{st2}；然后利用式（8-54）估算起动级数 m'；选定起动级数 m 后，代回式（8-53）计算真正的 β，并校核 $T_{st2} = \frac{T_{st1}}{\beta}$ 是否满足 $T_{st2} \geqslant (1.1 \sim 1.2) T_L$ 的要求，若不满足，则要重新选取分级数；最后计算各级起动电阻。

【例 8-4】 一台绕线转子三相异步电动机的额定数据为 $P_N = 30\text{kW}$，$n_N = 1475\text{r/min}$，$k_m = 3.0$，$E_{2N} = 360\text{V}$，$I_{2N} = 52\text{A}$，起动时负载转矩 $T_L = 155\text{N·m}$，要求最大起动转矩为额定转矩的 2.5 倍，试求起动级数及每级起动电阻。

解 额定转差率为

$$s_N = \frac{n_1 - n_N}{n_1} = \frac{1500 - 1475}{1500} = 0.01667$$

转子每相电阻为

$$R_2 = \frac{s_N E_{2N}}{\sqrt{3} I_{2N}} = \frac{0.01667 \times 360}{\sqrt{3} \times 52} = 0.06663(\Omega)$$

最大起动转矩为

$$T_{st1} = 2.5T_N = 2.5 \times \frac{9.55 \times 30000}{1475} = 485.59(\text{N} \cdot \text{m})$$

初选 $T_{st2} = 1.2T_L = 1.2 \times 155 = 186(\text{N} \cdot \text{m})$ ，则

$$\beta' = \frac{T_{st1}}{T_{st2}} = \frac{485.59}{186} = 2.6107$$

$$m' = \frac{\lg\left(\dfrac{T_N}{s_N T_{st1}}\right)}{\lg \beta} = \frac{\lg\left(\dfrac{T_N}{0.01667 \times 2.5T_N}\right)}{\lg 2.6107} = 3.31$$

取 $m = 4$ ，则

$$\beta = \sqrt[m]{\frac{T_N}{s_N T_{st1}}} = \sqrt[4]{\frac{T_N}{0.01667 \times 2.5T_N}} = 2.213$$

$$T_{st2} = \frac{T_{st1}}{\beta} = \frac{485.59}{2.213} = 219.4(\text{N} \cdot \text{m})$$

$T_{st2} > 1.1T_L$ ，可满足起动要求。

起动时转子回路各级总电阻为

$$R_{21} = \beta R_2 = 2.213 \times 0.06663 = 0.14745(\Omega)$$

$$R_{22} = \beta^2 R_2 = 2.213^2 \times 0.06663 = 0.32631(\Omega)$$

$$R_{23} = \beta^3 R_2 = 2.213^3 \times 0.06663 = 0.72218(\Omega)$$

$$R_{24} = \beta^4 R_2 = 2.213^4 \times 0.06663 = 1.59807(\Omega)$$

各级外串起动电阻为

$$R_{st1} = (\beta - 1)R_2 = (2.213 - 1) \times 0.06663 = 0.0808(\Omega)$$

$$R_{st2} = \beta R_{st1} = 2.213 \times 0.0808 = 0.1788(\Omega)$$

$$R_{st3} = \beta R_{st2} = 2.213 \times 0.1788 = 0.3957(\Omega)$$

$$R_{st4} = \beta R_{st3} = 2.213 \times 0.3957 = 0.8757(\Omega)$$

绕线转子异步电动机采用转子串电阻分级起动方法，既可以产生较大的起动转矩，又可减小起动电流，转子串接的分级电阻还可用来调节转速。因此在对起动性能要求高的场合，如起重机械、球磨机、矿井提升机等，经常采用绕线转子异步电动机，但是绕线转子异步电动机比鼠笼式异步电动机结构复杂，成本高。

2. 转子串接频敏变阻器起动

如图 8-26 所示，起动时，接触器常开触点 QA1 断开，频敏变阻器串入转子回路，起动完成后，接触器触点 QA1 闭合，切除频敏变阻器，电动机正常运行。

频敏变阻器是一个三相铁心线圈，相当于一个没有二次绕组的三相心式变压器，因此频敏变阻器的等效电路在形式上与变压器空载时的等效电路相同。忽略漏阻抗时，其励磁阻抗由励磁电阻 R_m 和励磁电抗 X_m 串联构成。但是频敏变阻器的铁心是由厚度为 30～50mm 的实心铁板或钢板叠成的，其励磁阻抗与变压器的有很大不同：在转子频率 $f_2 = f_1$ 时，频敏变阻器的铁心磁路相当饱和，因此 X_m 的值较小，而铁心中的涡流损耗很大，因此等效的 R_m 值较大。这样电动机转子回路电阻较大，既限制了起动时的电流，又提高了起动时的电磁转矩。

随着转速升高，$f_2 = sf_1$ 逐渐降低，频敏变阻器的电抗 X_m 随之减小，同时其铁心损耗减小，等效电阻 R_m 也逐渐减小，可使电动机在整个起动过程中都产生较大的电磁转矩，且有较小的起动电流。

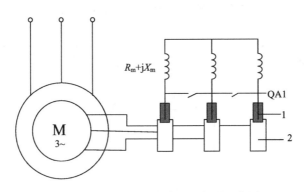

图 8-26　转子串接频敏变阻器起动示意图

1. 电刷；2. 集电环

8.4　三相异步电动机的调速

由于交流电动机具有结构简单、运行可靠、维护方便等一系列优点，因此在实际生产中都希望尽可能采用交流电动机拖动系统取代直流电动机拖动系统。然而，交流电动机的调速比直流电动机的调速要困难，特别是要获得较理想的调速特性更是如此。

近年来，由于电力电子技术和计算机在自动控制领域内应用不断扩大和完善，交流调速方案得以简化和提高，从而扩展了其在生产实践中应用的前景。

根据异步电动机的转速表达式 $n = n_1(1-s) = \dfrac{60f_1}{p}(1-s)$ 可知，要实现异步电动机速度的调节有三种方法：

(1) 改变定子极对数 p，进行变极调速。

(2) 改变供电电源的频率 f_1，进行变频调速。

(3) 改变电动机的转差率 s，进行调速，如定子调压调速、绕线转子电动机转子串电阻调速、串级调速及电磁离合器调速等。

8.4.1　变极调速

改变异步电动机定子的磁极对数 p，可以改变其同步转速 $n_1 = 60f_1/p$，从而使电动机在某一负载下的稳定运行速度发生变化，达到调速的目的。

由交流电机原理可知，只有定、转子的磁极相同，定、转子磁动势才能相互作用而产生电磁转矩，实现机电能量的转换。因此，在改变定子极数的同时，必须相应地转变转子的极数。绕线转子异步电动机要满足这一要求是十分困难的，而鼠笼式异步电动机的转子极数能自动地跟随定子极数的变化，所以变极调速适用于鼠笼式电动机拖动系统。

改变电机定子磁极对数，是靠改变定子绕组接线而实现的。图 8-27 中每相绕组由两个半绕组 1 和 2 组成，用图 8-27(a)中的顺接串联的方法可得到 4 极的磁场分布。如将半绕组 2 的始、末端改接，使其中每一瞬间电流的方向与顺接串联时相反，用图 8-27(b)的反接串联或图 8-27(c)中的并联即可得 2 极的磁场分布。由此可见，改变联结方法，得到的极对数成倍地变化，同步转速也成倍地变化，所以这种调速属于有级调速方法。

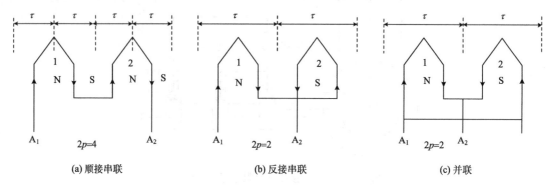

(a) 顺接串联　　　(b) 反接串联　　　(c) 并联

图 8-27　改变定子绕组联结方法以改变定子极对数

三相绕组联结方法是相同的，因此只要了解其中一相的联结方法即可知其他两相。在图 8-28 中表示最常用的两种三相绕组改变联结的方法：图 8-28(a)是由一个星形联结改变成两个并联的星形联结；图 8-28(b)是由一个三角形联结改变成并联的两个星形联结。

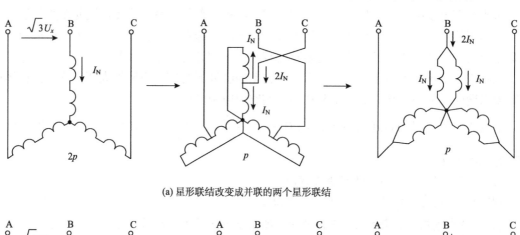

(a) 星形联结改变成并联的两个星形联结

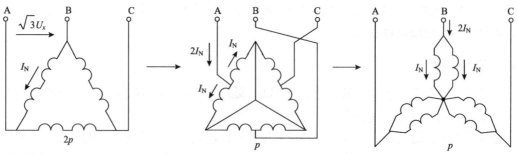

(b) 三角形联结改变成并联的两个星形联结

图 8-28　常用的两种三相绕组改变联结的方法

必须注意,绕组联结改变后,应将 B、C 两相的出线端交换,以保持高速和低速时电动机的转向相同。因为极对数为 p 时,如果 B、C 两相的出线端与 A 端的相位关系为 0°、120°、240°,则在极对数为 $2p$ 时,三者的相位关系变为 $2 \times 0° = 0°$、$2 \times 120° = 240°$、$2 \times 240° = 480°$(相当于 120°)。显然,在极对数为 p 及 $2p$ 下的相序相反,B、C 两端必须对调,以保持变速前后电动机转向相同。

现分析变极调速时,电动机的容许输出功率或转矩在变速前后的关系。输出功率为

$$P_2 = \eta P_1 = 3U_1 I_1 \cos\varphi_1 \eta \tag{8-55}$$

式中,η 为电动机效率;U_1 为电动机定子相电压;I_1 为电动机定子相电流;P_1 为定子输入功率;$\cos\varphi_1$ 为定子功率因数。

假定在不同极对数下,η 与 $\cos\varphi_1$ 均保持不变,则式(8-55)变为

$$P_2 \propto U_1 I_1 \tag{8-56}$$

如果忽略定子损耗,则电磁功率 P_e 与输入功率 P_1 相等,电磁转矩 T_e 为

$$T_e = 9550 \frac{P_e}{n_1} \propto \frac{U_1 I_1}{n_1} \propto U_1 I_1 p \tag{8-57}$$

对于图 8-28(a),当定子绕组从一个星形联结改成两个星形联结的并联时,极对数减小为原来的 1/2,n_1 增加一倍。为使调速时电动机得到充分利用,在高、低速运行时,电动机绕组内均流过额定电流,这样在两种联结下的转矩之比为

$$\frac{T_Y}{T_{YY}} = \frac{U_1 I_N (2p)}{U_1 (2I_N) p} = 1 \tag{8-58}$$

由式(8-58)可见,Y 联结改为 YY 联结的变极调速,允许输出恒转矩的机械特性如图 8-29(a)所示。

对于图 8-28(b),当定子绕组从一个三角形联结改成两个星形联结的并联时,极对数也减小为原来的 1/2,n_1 也增加一倍。两种联结的功率比为

$$\frac{P_{2\triangle}}{P_{2YY}} = \frac{\sqrt{3} U_1 I_N}{U_1 (2I_N)} = \frac{\sqrt{3}}{2} = 0.866 \tag{8-59}$$

由式(8-59)可见,△联结改为 YY 联结的变极调速,允许输出近似恒功率(约相差 13.4%),其机械特性如图 8-29(b)所示。

变极调速的电动机一般称为多速异步电动机。改变定子极对数,除上面介绍的方法外,还可以在定子上装上两组独立绕组,各联结成不同的极对数。若将两种方法配合,则可得到更多的调速极数。但以采用一组独立绕组的变极调速比较经济。

显然,当电动机在高速下运转时,如图 8-29(a)中的 A 点所示,改变绕组联结使极对数增高,电动机降为低速,在降速过程中,电动机工作在回馈制动状态(图 8-29(a)机械特性的 CD 段)。

可以按生产机械的要求,采用不同接法的多速异步电动机,例如,拖动中小型机床的电动机,一般都采用△-YY 联结,具有一组独立绕组的双速电动机,此时近似恒功率的调速方法用于恒功率性质的负载(如机床负载),配合较好。

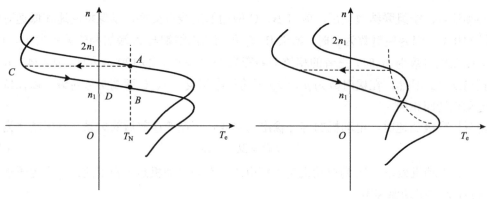

(a) Y联结改为YY联结的变极调速　　　　　　(b) △联结改为YY联结的变极调速

图 8-29　异步电动机变极调速的机械特性

设计多速电动机时，要充分注意不同极对数时定子磁动势的波形，尽可能使其接近正弦波。以 2/4 极的双速异步电动机为例，在 2 极联结时，定子绕组的节距为短距(半极距)；当换成 4 极联结时，定子绕组的节距就变为整距了。

8.4.2　变频调速

改变三相异步电动机电源的频率 f_1，可以改变旋转磁场的同步转速，达到调速的目的。额定频率称为基频，变频调速时，可以从基频向上调，也可以从基频向下调。

1. 从基频向下变频调速

三相异步电动机每相电压

$$U_1 \approx E_1 = 4.44 f_1 N_1 k_{w1} \Phi$$

如果降低电源频率时还保持电源电压为额定值，则随着 f_1 下降，气隙每极磁通 Φ 增加。电动机磁路本来就刚进入饱和状态，Φ 增加，磁路过饱和，励磁电流会急剧增加，这是不允许的。因此，降低电源频率时，必须同时降低电源电压。降低电源电压有两种方法。

1) 保持 $\dfrac{E_1}{f_1}$ = 常数

降低频率 f_1 调速，保持 $\dfrac{E_1}{f_1}$ = 常数，则 Φ=常数，是恒磁通控制方式。在这种变频调速过程中，电动机的电磁转矩为

$$T_e = \frac{P_m}{\Omega_1} = \frac{m_1 \left(I_2'\right)^2 \dfrac{R_2'}{s}}{\dfrac{2\pi n_1}{60}} = \frac{m_1 p}{2\pi f_1} \frac{E_2'^2}{\left(\dfrac{R_2'}{s}\right)^2 + \left(X_{2\sigma}'\right)^2} \frac{R_2'}{s}$$

$$= \frac{m_1 p f_1}{2\pi} \left(\frac{E_1}{f_1}\right)^2 \frac{\dfrac{R_2'}{s}}{\left(\dfrac{R_2'}{s}\right)^2 + \left(X_{2\sigma}'\right)^2} = \frac{m_1 p f_1}{2\pi} \left(\frac{E_1}{f_1}\right)^2 \frac{1}{\dfrac{R_2'}{s} + \dfrac{s\left(X_{2\sigma}'\right)^2}{R_2'}}$$

$$(8\text{-}60)$$

式 (8-60) 是保持气隙每极磁通为常数变频调速时的机械特性方程。下面根据该方程式，

具体分析最大转矩 $T_{\max}$ 及相应的转差率 s_m。

最大转矩点 $\dfrac{\mathrm{d}T_e}{\mathrm{d}s} = 0$，对应的转差率为 s_m，即

$$\frac{\mathrm{d}T_e}{\mathrm{d}s} = \frac{m_1 p f_1}{2\pi}\left(\frac{E_1}{f_1}\right)^2 \frac{-\left[-\dfrac{R_2'}{s^2} + \dfrac{\left(X_{2\sigma}'\right)^2}{R_2'}\right]}{\left[\dfrac{R_2'}{s^2} + \dfrac{s\left(X_{2\sigma}'\right)^2}{R_2'}\right]^2} = 0$$

$$\frac{R_2'}{s^2} = \frac{\left(X_{2\sigma}'\right)^2}{R_2'}$$

因此

$$s_m = \frac{R_2'}{X_{2\sigma}'} \tag{8-61}$$

把式(8-61)代入式(8-60)，得出

$$T_{\max} = \frac{m_1 p f_1}{2\pi}\left(\frac{E_1}{f_1}\right)^2 \frac{1}{X_{2\sigma}' + X_{2\sigma}'} = \frac{1}{2}\frac{m_1 p}{2\pi}\left(\frac{E_1}{f_1}\right)^2 \frac{f_1}{X_{2\sigma}'} $$
$$= \frac{1}{2}\frac{m_1 p}{2\pi}\left(\frac{E_1}{f_1}\right)^2 \frac{1}{2\pi L_{2\sigma}'} = 常数 \tag{8-62}$$

式中，$L_{2\sigma}'$ 为转子静止时转子一相绕组漏电感系数折合值，漏电抗折合值 $X_{2\sigma}' = 2\pi f_1 L_{2\sigma}'$。

最大转矩点的转速降落为

$$\Delta n = s_m n_1 = \frac{R_2'}{X_{2\sigma}'}\frac{60 f_1}{p} = \frac{R_2'}{2\pi L_{2\sigma}'}\frac{60}{p} = 常数 \tag{8-63}$$

从式(8-62)和式(8-63)可以看出，当改变频率 f_1 时，保持 $\dfrac{E_1}{f_1} = $ 常数。最大转矩 $T_{\max} = $ 常数，与频率无关，并且最大转矩对应的转速降落相等，也就是不同频率的各条机械特性是平行的，硬度相同。根据式(8-60)画出保持恒磁通变频调速的机械特性曲线，如图 8-30 所示。这种调速方法与他励直流电动机降低电源电压调速相似，机械特性较硬，在一定静差率的要求下，调速范围宽且稳定性好。由于频率可以连续调节，因此变频调速为无级调速，平滑性好。另外，电动机在正常负载运行时，转差率 s 较小，因此转子铜损耗（$p_{Cu2} = sP_e$）较小，效率高。

恒磁通变频调速是属于什么性质的调速方式呢？先分析一下电磁转矩为常数时，转差率 s 与电源频率 f_1 的关系。

当 $\dfrac{E_1}{f_1} = $ 常数，变频调速时，电动机电磁转矩用式(8-60)表示，若 $T_e = $ 常数，即

$$T_e = \frac{m_1 p}{2\pi}\left(\frac{E_1}{f_1}\right)^2 \frac{f_1\dfrac{R_2'}{s}}{\left(\dfrac{R_2'}{s}\right)^2 + \left(X_{2\sigma}'\right)^2} = 常数$$

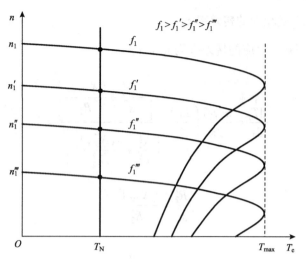

图 8-30　保持 $\dfrac{E_1}{f_1}$ = 常数时变频调速的机械特性曲线

则 $\dfrac{f_1\dfrac{R_2'}{s}}{\left(\dfrac{R_2'}{s}\right)^2+\left(X_{2\sigma}'\right)^2}=C$ 。式中，C=常数。那么又有

$$f_1\frac{R_2'}{s}=C\left(\frac{R_2'}{s}\right)^2+C\left(X_{2\sigma}'\right)^2$$

整理得

$$f_1R_2's=C\left(R_2'\right)^2+C\left(X_{2\sigma}'\right)^2s^2$$

$$C\left(2\pi f_1L_{2\sigma}'\right)^2s^2-f_1R_2's+C\left(R_2'\right)^2=0$$

解得

$$s=\frac{f_1R_2'+\sqrt{\left(f_1R_2'\right)^2-4C\left(2\pi f_1L_{2\sigma}'\right)^2C\left(R_2'\right)^2}}{2C\left(2\pi f_1L_{2\sigma}'\right)^2}=\frac{K}{f_1}$$

式中

$$K=\frac{R_2'+\sqrt{\left(R_2'\right)^2-4C^2\left(2\pi L_{2\sigma}'\right)^2\left(R_2'\right)^2}}{2C\left(2\pi L_{2\sigma}'\right)^2}=常数$$

上式结果说明，T_e=常数，$s\propto\dfrac{1}{f_1}$ 。这是容易理解的，因为 $s=\dfrac{\Delta n}{n_1}$，而 $n_1\propto f_1$，又由于各条机械特性曲线是互相平行的，对同一个 T_e，Δn 相等，所以 $s\propto\dfrac{1}{f_1}$ 。

根据 $s=\dfrac{K}{f_1}$ 的结论，$\dfrac{E_1}{f_1}=k$（常数）的变频调速中，在 T_e 不变时，转子电流

$$I_2' = \frac{E_1}{\sqrt{\left(\frac{R_2'}{s}\right)^2 + \left(X_{2\sigma}'\right)^2}} = \frac{kf_1}{\sqrt{\left(\frac{R_2'f_1}{K}\right)^2 + \left(2\pi f_1 L_{2\sigma}'\right)^2}} = 常数$$

因此 $T_e = T_N$，$I_2' = I_{2N}'$，$I_1 = I_{1N}$ 为恒转矩调速方式。

2) 保持 $\dfrac{U_1}{f_1} = $ 常数

当降低电源频率 f_1 时，保持 $\dfrac{U_1}{f_1} = $ 常数，则气隙每极磁通 $\boldsymbol{\Phi} \approx$ 常数，这时电动机的电磁转矩为

$$\begin{aligned} T_e &= \frac{m_1 p U_1^2 \dfrac{R_2'}{s}}{2\pi f_1 \left[\left(R_1 + \dfrac{R_2'}{s}\right)^2 + \left(X_{1\sigma} + X_{2\sigma}'\right)^2\right]} \\ &= \frac{m_1 p}{2\pi} \left(\frac{U_1}{f_1}\right)^2 \frac{f_1 \dfrac{R_2'}{s}}{\left(R_1 + \dfrac{R_2'}{s}\right)^2 + \left(X_{1\sigma} + X_{2\sigma}'\right)^2} \end{aligned} \tag{8-64}$$

最大转矩为

$$\begin{aligned} T_{max} &= \frac{1}{2} \frac{m_1 p U_1^2}{2\pi f_1 \left[R_1 + \sqrt{R_1^2 + \left(X_{1\sigma} + X_{2\sigma}'\right)^2}\right]} \\ &= \frac{1}{2} \frac{m_1 p}{2\pi} \left(\frac{U_1}{f_1}\right)^2 \frac{f_1}{R_1 + \sqrt{R_1^2 + \left(X_{1\sigma} + X_{2\sigma}'\right)^2}} \end{aligned} \tag{8-65}$$

由上式可以看出，保持 $\dfrac{U_1}{f_1} = $ 常数，当 f_1 减小时，最大转矩 T_{max} 不等于常数。已知 $X_{1\sigma} + X_{2\sigma}'$ 与 f_1 成正比，R_1 与 f_1 无关。因此，在 f_1 接近额定频率时，$R_1 \ll X_{1\sigma} + X_{2\sigma}'$，随着 f_1 的减小，T_{max} 减少得不多，但是当 f_1 较低时，$X_{1\sigma} + X_{2\sigma}'$ 比较小，R_1 相对变大了。这样一来，随着 f_1 的减小，T_{max} 减小了。

根据式(8-64)，画出保持 $\dfrac{U_1}{f_1} = $ 常数、降低频率调速时的机械特性曲线，如图 8-31 所示。其中虚线部分是恒磁通变频调速时的机械特性曲线，以示比较。显然，保持 $\dfrac{U_1}{f_1} = $ 常数的机械特性和保持 $\dfrac{E_1}{f_1} = $ 常数的机械特性有所不同，特别在低频低速时，前者的机械特性变坏。

保持 $\dfrac{U_1}{f_1} = $ 常数、降低频率调速近似为恒转矩调速方式，证明从略。

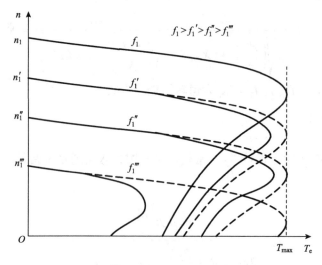

图 8-31　保持 $\dfrac{U_1}{f_1}$ = 常数的变频调速机械特性曲线

2. 从基频向上变频调速(弱磁升速)

从基频向上升高频率调速时,由于升高电源电压 U_1 是不允许的,只能保持电压为 $U_1 = U_N$ 不变,频率 f_1 越高,磁通 Φ 越小。所以这种降低磁通升速的调速方法类似于他励直流电动机的弱磁调速。

这种调速过程的电磁转矩 T_e、s_m 和最大转矩 T_{max} 为

$$T_e = \dfrac{m_1 p U_1^2 \dfrac{R_2'}{s}}{2\pi f_1 \left[\left(R_1 + \dfrac{R_2'}{s} \right)^2 + \left(X_{1\sigma} + X_{2\sigma}' \right)^2 \right]} \tag{8-66}$$

$$s_m = \dfrac{R_2'}{X_{1\sigma} + X_{2\sigma}'} \propto \dfrac{1}{f_1} \tag{8-67}$$

$$T_{max} \approx \dfrac{1}{2} \times \dfrac{m_1 p U_1^2}{2\pi f_1 \left(X_{1\sigma} + X_{2\sigma}' \right)} \propto \dfrac{1}{f_1^2} \tag{8-68}$$

从式(8-67)和式(8-68)可见,频率越高,T_{max} 越小,s_m 也越小。保持 $U_1 = U_N$ 不变的升频调速机械特性曲线如图 8-32 所示。

在升频调速过程中,如果保持工作电流不变,异步电动机的电磁功率 P_e 也基本不变。这种调速方式近似为恒功率调速方式。

如上所述,三相异步电动机变频调速具有很好的调速性能,完全可与直流电动机调速性能相媲美。其主要特点如下:

(1)调速范围广。

(2)频率 f_1 可连续调节,故变频调速为无级调速。

(3)机械特性较硬,静差率小。

(4)从基频向下调速,属于恒转矩调速方式;从基频向上调速,属于恒功率调速方式。

(5)运行效率高。

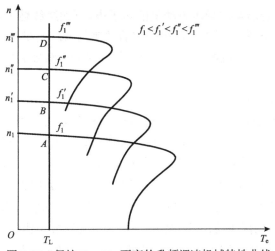

图 8-32　保持 $U_1 = U_N$ 不变的升频调速机械特性曲线

异步电动机变频调速的电源是一种能调压调频的变频装置，近年来，变频调速已经在很多领域内获得广泛的应用，如轧钢机、辊道、纺织机、球磨机、鼓风机及化工企业中的某些设备等。随着生产技术水平不断提高，变频调速必将获得更大的发展。

8.4.3　调压调速

图 8-33 为改变异步电动机定子电压的人为机械特性。由图可见当 $T_e = T_N$ 时，如电压由 U_1 减到 U_1''，转速将由 n_1' 降到 n_1'''。因转速低于 n_m 的机械特性部分对恒转矩负载不能稳定运转，所以不能用以调速，调速范围很小(仅为从 n_1 到 n_m 的转速区段可调)。但若负载是通风机，如图 8-33 中的特性 T_L，则由于低于 n_m 时，人为机械特性与负载转矩特性的交点也能稳定运转，调速范围显著扩大了。

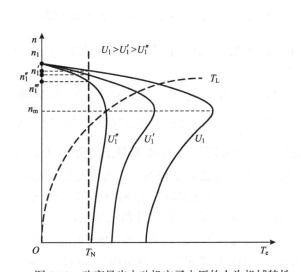

图 8-33　改变异步电动机定子电压的人为机械特性

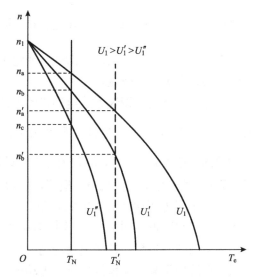

图 8-34　转子电路电阻较高时改变定子电压的人为机械特性

　　对于恒转矩调速，若能增加异步电动机的转子电阻(如绕线转子异步电动机或高转差率鼠笼式异步电动机)，则改变定子电压可得较宽的调速范围，如图 8-34 所示。但此时特性太软，其静差率常不能满足生产机械的要求，而且低压时的过载能力较低，负载的波动稍大，电动机就有可能停转。

　　若采用图 8-35 所示的闭环系统，则既能提高低速时的机械特性硬度，又能保证一定的过载能力。图 8-35 中的调压装置过去用饱和电抗器，目前都采用晶闸管等电力电子器件组成的交流调压装置，它可根据控制信号 e 的大小将电源电压 U_1 改变为不同的可变电压 U'_x。控制信号为给定信号 e_0 与来自测速发电机的测速反馈信号 e_n 之差。由图 8-34 可见，当输出电压 $U'_x = U'_1$ 时(对应于某一控制信号 e)，对应于额定负载 T_N 的转速为 n_b；当负载增至 T'_N 后，若无反馈，则转速将沿着对应于 U'_1 的人为机械特性下降到 n'_b，速度下降极为严重。但在图 8-35 所示的闭环系统中，负载稍有增加，引起转速下降，与转速成正比的 e_n 也将减小。$e = e_0 - e_n$ 的数值自动变大，使输出电压 U'_x 增高，电动机将产生较大转矩以与负载转矩平衡。若负载增至 T'_N，U'_x 增到 U_1，则此时转速仅降到 n'_a，显然闭环系统中机械特性的硬度极大提高。为了调节转速，可改变给定信号 e_0，此时可得到一些基本平行的特性簇，如图 8-36 所示。

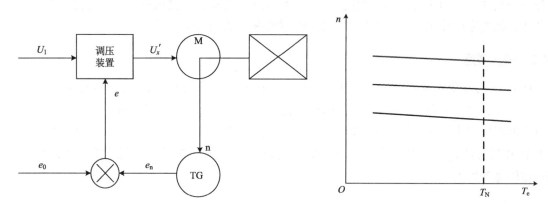

图 8-35　异步电动机改变定子电压调速的闭环系统　　图 8-36　异步电动机改变定子电压调速的闭环系统特性

　　在闭环系统中，如果能平滑地改变定子电压，就能平滑调节异步电动机的转速；低速的特性较硬，调整范围较宽。

　　现分析一下这种调速方式电动机的允许输出。由于 $T_e \propto 3I'^2_2 R'_2 / s$，为使调速时电动机能充分利用，令 $I'_2 = I'_{2N} = $ 恒值，R'_2 也为恒值，则 $T_e \propto \dfrac{1}{s}$，可见这种调速方式既非恒转矩又非恒功率的调速方式。显然，这种调速方式最适用于 T_L 随 n 降低(s 增加)而降低的负载(如通风机负载)。对于恒功率负载最不适应，能勉强用于恒转矩负载，如纺织、印染及造纸等机械。

　　改变定子电压调速方法的缺点是，调速时的效率较低(这点与前述绕线转子异步电动机转子串联电阻时调速相同)，功率因数比转子串联电阻时更低(因调速时 R_2 为定值)。

　　由于低速时消耗于转子电路的功率很大，电动机发热严重。因此，改变定子电压的调速方式一般适用于高转差鼠笼式异步电动机(或称为"力矩电动机")，也可用于绕线转子异步电动机。在其转子电路中可串联一段电阻。如果用于普通鼠笼式异步电动机，则必须在低速时欠载运行，或短时工作。在低速时可用他扇冷却方式，以改善电动机的发热情况。

为了改善改变定子电压调速低速运行时的性能，进一步扩大调速范围，在改变定子电压调速方法的基础上发展成一种变极变压相结合的调速方式。这一调速方式适用于单绕组多速（一般为两速或三速）鼠笼式异步电动机，为了使降压减速时电流不致太大，转子采用高电阻的导条。图 8-37 为一台多速电动机($2p$=4,6,10)在变极变压时的机械特性。当电动机极数一定时，改变定子电压，转速也就随之改变。

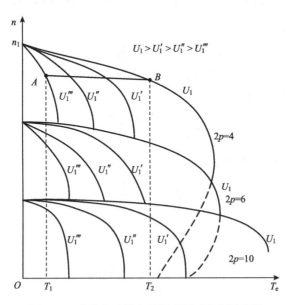

图 8-37　多速电动机在变极变压时的机械特性

在图 8-37 中，当负载转矩由 T_1 变到 T_2 时，采用闭环控制系统，定子电压由 U_1''' 自动增加到 U_1，工作点从 A 点过渡到 B 点，连接 A、B 两点，即得一条以 n_1 为给定转速的硬度很高的人为机械特性。改变给定转速值，可得到与 AB 基本平行的人为机械特性。根据不同的速度范围，控制系统中有一个自动换极的装置，使电动机能在相应极数下运行。例如，当转速由 4 极情况下的最高额定转速通过改变给定转速降到 6 极最高额定转速时，控制系统保证自动换极装置动作，改变定子绕组的联结方法，使电动机转换到 6 极运行。在 6 极接线下的最高额定转速降到 10 极最高额定转速时，电动机又自动换接成 10 极，然后转速又可在 10 极的情况下继续下降，实现电动机的平滑调速。

变极变压调速除了改变转差率外，还改变了异步电动机的同步转速，显然，改变同步转速的调速方法可减少过渡过程的能量损耗，从而提高电动机低速运行时的效率，使单纯改变定子电压调速方法的缺点有所改善。其缺点是控制装置及定子绕组接线比较复杂。

【**例 8-5**】　一台绕线式三相异步电动机，其额定数据为 $P_N = 75\text{kW}$，$n_N = 720\text{r/min}$，$U_N = 380\text{V}$，$I_N = 148\text{A}$，$k_m = 2.4$，$E_{2N} = 213\text{V}$，$I_{2N} = 220\text{A}$。拖动恒转矩负载 $T_L = 0.85T_N$ 时，欲使电动机运行在 $n = 540\text{r/min}$。

(1)若采用转子回路串入电阻，求每相电阻值；

(2)若采用降压调速，求电源电压；

(3)若采用变频调速，保持 U_1/f_1 =常数，求频率与电压。

解　(1)额定转差率为

$$s_N = \frac{n_1 - n_N}{n_1} = \frac{750 - 720}{750} = 0.04$$

临界转差率为

$$s_m = s_N\left(k_m + \sqrt{k_m^2 - 1}\right) = 0.04 \times \left(2.4 + \sqrt{2.4^2 - 1}\right) = 0.183$$

转子每相电阻值为

$$R_2 = \frac{s_N E_{2N}}{\sqrt{3} I_{2N}} = \frac{0.04 \times 213}{\sqrt{3} \times 220} = 0.0224(\Omega)$$

$n = 540 \text{r/min}$ 时的转差率为

$$s' = \frac{n_1 - n}{n_1} = \frac{750 - 540}{750} = 0.28$$

设串电阻后的临界转差率为 s_m'，由

$$T_L = \frac{2k_m T_N}{\dfrac{s'}{s_m'} + \dfrac{s_m'}{s'}}$$

即

$$\frac{s'}{s_m'} + \frac{s_m'}{s'} = \frac{2k_m T_N}{T_L}$$

亦即

$$\frac{\left(s_m'\right)^2}{s'} - \frac{2k_m T_N}{T_L} s_m' + s' = 0$$

解得

$$s_m' = \frac{\dfrac{2k_m T_N}{T_L} \pm \sqrt{\left(\dfrac{2k_m T_N}{T_L}\right)^2 - 4\dfrac{1}{s'}s'}}{2\dfrac{1}{s'}} = s'\left[\frac{k_m T_N}{T_L} \pm \sqrt{\left(\frac{k_m T_N}{T_L}\right)^2 - 1}\right]$$

$$= 0.28\left[\frac{2.4T_N}{0.85T_N} \pm \sqrt{\left(\frac{2.4T_N}{0.85T_N}\right)^2 - 1}\right] = 1.53 \quad (0.05值不合理，舍去)$$

转子回路每相串入电阻 R_s 的值为

$$\frac{R_2 + R_s}{R_2} = \frac{s_m'}{s_m}$$

$$R_s = \left(\frac{s_m'}{s_m} - 1\right)R_2 = \left(\frac{1.53}{0.183} - 1\right) \times 0.0224 = 0.165(\Omega)$$

(2)降低电源电压调速时 s_m 不变，$s' > s_m$，因此不能稳定运行，故不能用降压调速。

(3)变频调速时，保持 $U_1/f_1 = $ 常数，$T_L = 0.85T_N$，根据

$$T_L = \frac{2k_m T_N}{\dfrac{s}{s_m} + \dfrac{s_m}{s}}$$

即

$$0.85T_N = \frac{2 \times 2.4 \times T_N}{\dfrac{s}{0.183} + \dfrac{0.183}{s}}$$

亦即

$$\frac{s^2}{0.183} - 5.647s + 0.183 = 0$$

可得转差率为

$$s = 0.033 \quad (\text{另一值舍去})$$

运行时的转速降落为

$$\Delta n = sn_1 = 0.033 \times 750 = 25(\text{r/min})$$

变频调速后的同步转速为

$$n_1' \approx n + \Delta n = 540 + 25 = 565(\text{r/min})$$

变频的频率为

$$f' = \frac{n_1'}{n_1}f_{1N} = \frac{565}{750} \times 50 = 37.67(\text{Hz})$$

变频的电压为

$$U' = \frac{f'}{f_{1N}}U_N = \frac{n_1'}{n_1}U_N = \frac{565}{750} \times 380 = 286.3(\text{V})$$

8.4.4 能耗转差调速

在调速方法中，有一些调节转差能耗的调速方法，例如，改变定子电压调速、转子电路串联电阻调速、串级调速、电磁调速电动机等(其中，改变定子电压和电磁调速电动机调速的方法分别在 8.4.3 节和 8.4.5 节中介绍)。这些方法的共同特点是：在调速过程中均产生大量的转差功率 sP_e，并且消耗在转子电路中，使转子发热，调速的经济性较差(除串级调速外)。现分析如下。

1. 绕线转子异步电动机转子电路串电阻调速

三相异步电动机最大转矩 T_{max} 与转子电阻无关，而临界转差率 s_m 与转子电阻成正比，因此增大转子回路的电阻，电动机的人为机械特性变软。根据图 8-38 可知，若负载转矩不变，转子回路串入电阻 R_{st} 后，机械特性曲线下移，电动机的工作点随之下

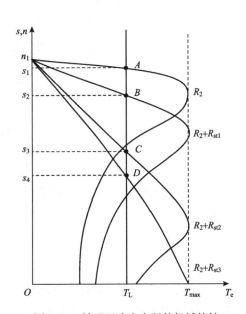

图 8-38 转子回路串电阻的机械特性

移，转差率增大，转速降低。显然，转子外串电阻越大，转速就越低。

在恒转矩调速时，由于 $T_e = T_L = $ 常值，由式(8-7)可见，调速前后

$$\frac{R_2}{s} = \frac{R_2 + R_{stk}}{s_k} = 常数 \qquad k = 1, 2, 3, \cdots \qquad (8\text{-}69)$$

因此，恒转矩调速时，转差率 s 将随转子回路的总电阻值 $(R_2 + R_{stk})$ 成正比变化，而定、转子电流的大小和相位都不变，从而输入功率 P_1 和电磁功率 P_e 保持不变。由于 $P_e = P_m + p_{Cu2} = (1-s)P_e + sP_e$，因此，转速降低所减少的输出功率都消耗在调速电阻的铜损耗上，转差率 s 越大，消耗在转子回路的转差功率越大，电动机的效率就越低。

绕线转子异步电动机转子串电阻调速有以下特点。

(1)这种方法属于转差功率消耗型调速方法，调速效率低。由于低速运行时转子损耗大，故不宜长期低速运行。

(2)由于转子串入较大电阻后，电动机的机械特性很软，低速运行时，负载转矩稍有变化，转速波动就很大，致使低速运行时的稳定性变差，调速范围也就不可能太宽，只能达到 $(2 \sim 3):1$。

(3)由于转子需外串分级电阻，这种调速是有级的，平滑性差。

(4)这种调速方法比较简单易行，初期投资少，其调速电阻还可兼做起动电阻和制动电阻使用，因为多用于对调速性能要求不高且连续工作的生产机械上，如桥式起重机、轧钢机的辅助机械等。

2. 绕线转子异步电动机串级调速

为了克服绕线转子异步电动机转子串电阻调速的缺点，将消耗在外串电阻上的转差功率利用起来，人们提出了串级调速的方法。

异步电动机的串级调速就是在异步电动机转子电路中串入大小可调的电动势 $\dot{E}_{ad}$，以调节异步电动机的电磁转矩，从而达到调速的目的。下面简单介绍串级调速的原理。

设电动机在恒定负载下稳定运转，这时，电磁转矩等于负载转矩，即 $T_e = T_L$。在未串入 $\dot{E}_{ad}$ 之前，电力拖动系统处于平衡状态，其转子电流、转子功率因数和电磁转矩分别为

$$I_{2s} = \frac{E_{2s}}{\sqrt{R_2^2 + (sX_{2\sigma})^2}}$$

$$\cos \varphi_2 = \frac{R_2}{\sqrt{R_2^2 + (sX_{2\sigma})^2}}$$

$$T_e = C_T \Phi I_2 \cos \varphi_2$$

附加电动势 $\dot{E}_{ad}$ 既可以与转子电动势 $\dot{E}_{2s}$ 同相位，也可以与 $\dot{E}_{2s}$ 反相位。因此，串入 $\dot{E}_{ad}$ 后，转子电流变为

$$I_{2s} = \frac{E_{2s} \pm E_{ad}}{\sqrt{R_2^2 + (sX_2)^2}} \qquad (8\text{-}70)$$

当附加电动势 $\dot{E}_{ad}$ 与转子电动势 $\dot{E}_{2s}$ 同相位时，式(8-70)中 E_{2s} 与 E_{ad} 相加。在引入 E_{ad} 的瞬间，转速来不及变化，转子电流 I_{2s} 增大，电磁转矩 T_e 随之增大，从而使 T_e 大于负载转矩 T_L，

引起转速上升。因为转子电路串入附加电动势不会使同步转速发生变化，所以转速上升使电动机的转差率 s 下降，从而引起 $E_{2s}=sE_2$ 减小。由式(8-70)可知，E_{2s} 减小使转子电流 I_2 回落，导致电磁转矩 T_e 重新减小，直到 $T_e=T_L$ 时，电动机在新的转速下稳定运行。串入的附加电动势的幅值越大，转速就越高。

当附加电动势 $\dot{E}_{ad}$ 与转子电动势 $\dot{E}_{2s}$ 反相位时，式(8-70)中 E_{2s} 与 E_{ad} 相减。在引入 E_{ad} 的瞬间，转子电流 I_{2s} 将下降，电磁转矩 T_e 随之下降，从而使 T_e 小于负载转矩 T_L，引起转速下降，转差率 s 上升，E_{2s} 增大。由式(8-70)可知，E_{2s} 增大使转子电流 I_2 回升，导致电磁转矩 T_e 重新增大，直到 $T_e=T_L$ 时，电动机在新的转速下稳定运行。串入的附加电动势的幅值越大，转速就越低。

实现串级调速的关键是在转子回路中串入一个大小、相位可以自由调节，频率能自动跟随转速变化，且始终等于转子频率的附加电动势。

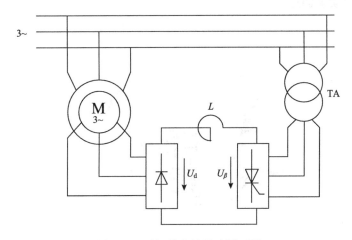

图 8-39 晶闸管串级调速原理图

图 8-39 是晶闸管串级调速原理图，系统工作时，把转子感应电动势 E_{2s} 整流成直流电压 U_d，然后由晶闸管逆变器把 U_β 变为工频交流电，通过变压器将其回馈给电网，图中 L 为平波电抗器。这里的逆变器输入电压 U_β 可视为加在转子回路中的附加电动势 E_{ad}，改变逆变器触发脉冲的控制角，就可以改变 U_β 的大小，从而实现电动机的串级调速。由于接在转子侧的是不可控整流桥，电流不可能逆向，所以该系统中转子回路总是单方向地把一部分功率(转差功率)通过接在电源侧的晶闸管逆变器送回电网，因而该电路只能在低于同步转速下调速。

如果把接在转子侧的整流桥改为晶闸管变流装置，且让它处在逆变状态，而让接在电源侧的变流装置处在整流状态，则会有一部分功率(转差功率)由交流电网通过整流和逆变送入转子，定子和转子形成"双馈状态"，从而使电动机的转速超过同步转速。

串级调速的特点如下：

(1)可以将转差功率回馈电网，因此调速系统运行效率高，节电效果显著。

(2)机械特性硬，调速稳定性好。

(3)可实现无级调速，调速平滑性好。

(4)串级调速系统存在的主要问题是功率因数低，一般串级调速系统高速运行时功率因数为 0.6 ~ 0.65，低速时下降到 0.4 ~ 0.5。

（5）低速时的过载能力较低。

（6）串级调速系统中变流装置控制的只是电动机的转差功率，若电动机调速范围不大，最大转差率不高，则变流装置的容量比较小。例如，通常风机、水泵的调速范围为 30% 左右即可，晶闸管串级调速系统中变流装置的容量只有电动机容量的 30% 左右，比较经济。因此，串级调速适用于调速范围不大的绕线转子异步电动机，如应用于水泵、风机的调速。

8.4.5　电磁调速电动机

电磁调速电动机又称为滑差电动机，它由鼠笼式三相异步电动机、电磁转差离合器、测速发电机和控制装置等组成，如图 8-40 所示。鼠笼式三相异步电动机作为电磁调速电动机的驱动电动机，安装在电磁转差离合器的机座上，电动机本身并不调速，通过改变电磁转差离合器的励磁电流来实现调速。

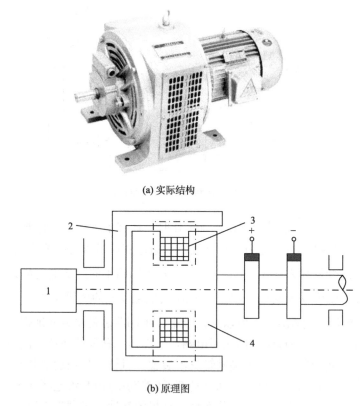

(a) 实际结构

(b) 原理图

图 8-40　电磁调速电动机

1. 三相异步电动机；2. 电枢；3. 励磁绕组；4. 磁极

电磁转差离合器是把电动机的转轴和生产机械的转轴作软性连接的电磁装置。它主要由电枢和磁极两部分组成，电枢和磁极之间有气隙，两者能够独立旋转。电枢是一个由铁磁材料制成的圆筒，与异步电动机同轴连接，由异步电动机带动，因此电枢是电磁转差离合器的主动部分。磁极也是由铁磁材料制成的，装在电磁调速电动机的输出轴上，并与机械负载相连，因此磁极是电磁转差离合器的从动部分。在磁极上装有励磁绕组，绕组的引线接在集电环上，通过电刷与直流电源接通。

当异步电动机带动圆筒形电枢旋转时，电枢就会因切割磁力线而感应出涡流，涡流再与磁极的磁场作用产生电磁力，由此电磁力所形成的转矩将使磁极跟随电枢同方向旋转，从而带动工作机械旋转。

显然，电磁离合器的工作原理和异步电动机相似，磁极和电枢的速度不能相同，否则，电枢就不会切割磁力线，也就不能产生带动生产机械旋转的转矩。

当励磁电流等于零时，磁极没有磁通，电枢不会产生涡流，也不能产生转矩，磁极也就不会转动，这就相当于生产机械被"分离"；一旦加上励磁电流，磁极即刻转动起来，这就相当于生产机械被"接合"，电磁转差离合器由此得名。

当负载一定时，如果减少励磁电流，将使磁通减少，磁极与电枢的转差被迫增大，这样才能产生比较大的涡流，以便获得同样大的转矩。所以通过调节励磁绕组的电流，就可以调节生产机械的转速。

由于鼠笼式异步电动机在额定转矩范围内的转速变化不大，所以电磁调速电动机的机械特性取决于电磁转差离合器的机械特性，其机械特性曲线如图 8-41(a)所示，图中，理想空载转速 n_1 为异步电动机的转速，随着负载转矩的增大，输出转速 n 下降较大，机械特性很软。为了得到比较硬的机械特性，实际的电磁调速系统都采用速度负反馈控制，组成闭环调速系统，其机械特性如图 8-41(b)所示。

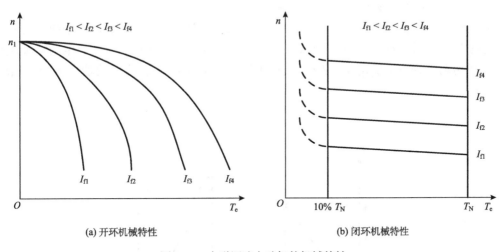

(a) 开环机械特性　　　　　　　　(b) 闭环机械特性

图 8-41　电磁调速电动机的机械特性

电磁离合调速系统的特点如下：

(1)无级调速，调速范围宽。

(2)当负载或电动机受到突然冲击时，离合器可以起到缓冲作用。

(3)结构简单，造价低廉，运行可靠，维护方便。

(4)存在不可控区，由于摩擦和剩磁存在，负载转矩小于额定转矩的 10%时，可能失控。

(5)不宜长期处于低速运行状态。

(6) 适用于通风机负载和恒转矩负载，而不适用于恒功率负载。

8.5　三相异步电动机的制动

与直流电动机一样，三相异步电动机也有电动和制动两种运行状态。电动运行状态的特点：电磁转矩 T_e 与转速 n 同方向。这时电动机从电网吸取电动率，输出机械功率，机械特性位于第一和第三象限。制动运行状态的特点是：电磁转矩 T_e 与转速 n 反方向，转矩 T_e 对电动机起制动作用。制动时，电动机将轴上吸收的机械能转换成电能，该电能或者消耗于转子电路中，或者反馈回电网。制动时的机械特性位于第二和第四象限。

异步电动机制动的目的仍然是使电力拖动系统快速停车或者使拖动系统减速；对于位能性的负载，用制动可获得稳定的下降速度。

异步电动机的制动方法有回馈制动、反接制动和能耗制动三种。

8.5.1　回馈制动

1. 回馈制动的概念

如果用一台原动机，或者其他转矩 (如位能性负载) 去拖动异步电动机，使电动机转速高于同步转速，即 $n > n_1$，$s = (n_1 - n)/n_1 < 0$，这时异步电动机的电磁转矩 T_e 将与转速 n 方向相反，起制动作用。电机向电网输送电功率，这种状态称为回馈制动或再生制动。如果在拖动转矩作用下，能使电动机转速不变，那就是异步发电机。

2. 异步电动机的有功功率和无功功率

我们知道，在电动状态下，异步电动机对电网而言是一个感性负载，即电动机定子电流 $\dot{I}_1$ 比电网电压 $\dot{U}_1$ 滞后 φ_1 角。图 8-42 (a) 为异步电动机电动状态下的相量图。电网输入异步电动机的有功功率为 $P_1 = U_1 I_{1a} = U_1 I_1 \cos\varphi_1$；电网输入异步电动机的无功功率为 $Q_1 = U_1 I_{1b} = U_1 I_1 \sin\varphi_1$。

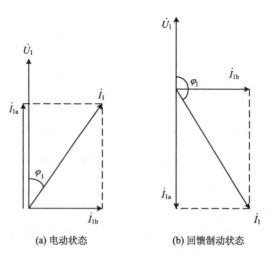

(a) 电动状态　　　　　　　　　(b) 回馈制动状态

图 8-42　异步电动机的电压和电流相量图

如果异步电动机既不输出机械功率又无任何损耗，那就变成一个纯电感负载，此时电动机只吸收无功功率 Q_1，主要用来在电动机中建立旋转磁场。而磁场只储存能量，并不消耗能量。

若能使异步电动机像图 8-42(b)那样，定子电流 $\dot{I}_1$ 滞后电网电压 $\dot{U}_1$ 的相位角 φ_1 大于 90°，则定子电流的有功分量 $\dot{I}_{1a}$ 和 $\dot{U}_1$ 反相，即异步电动机向电网输出有功功率。可见，当电流有功分量与电网电压同相时，电网向异步电动机输入有功功率；当电流有功分量与电网电压反相时，异步电动机向电网反馈有功功率。

不管有功功率的传送方向如何，异步电动机用来建立磁场的无功功率都必须由电网供给，即对电网来说，异步电动机总是感性负载。也可以这么说，异步电动机的定子无功电流或无功功率总要存在，它是异步电动机进行能量转换的前提，与电动机运行状态无关。可见异步电动机的有功功率和无功功率是两回事。

1) 能量关系

有了上面的功率传送方向的概念，就能较容易地说明异步电动机的回馈制动状态了。只要能证明定子电流的有功分量 $\dot{I}_{1a}$ 和 $\dot{U}_1$ 反相，那就证明了异步电动机是在向电网发送有功功率；如果能再证明此时的电磁转矩与转子转向相反，那就完全证明了异步电动机是再生发电，即回馈制动了。

回馈制动时，$n > n_1$，$s < 0$，转子电流的有功分量为

$$I_{2a}' = I_2' \cos\varphi_2' = \frac{E_2'}{\sqrt{\left(\dfrac{R_2'}{s}\right)^2 + X_{2\sigma}'^2}} \frac{R_2'/s}{\sqrt{\left(\dfrac{R_2'}{s}\right)^2 + X_{2\sigma}'^2}} = \frac{E_2' R_2'/s}{\left(\dfrac{R_2'}{s}\right)^2 + X_{2\sigma}'^2} < 0$$

而转子无功分量为

$$I_{2b}' = I_2' \sin\varphi_2' = \frac{E_2'}{\sqrt{\left(\dfrac{R_2'}{s}\right)^2 + X_{2\sigma}'^2}} \frac{X_{2\sigma}'}{\sqrt{\left(\dfrac{R_2'}{s}\right)^2 + X_{2\sigma}'^2}}$$

$$= \frac{E_2' X_{2\sigma}'}{\left(\dfrac{R_2'}{s}\right)^2 + X_{2\sigma}'^2} > 0$$

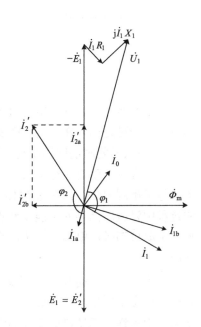

由 $I_{2a}' < 0$ 和 $I_{2b}' > 0$ 可知，$\dot{I}_2'$ 与 $\dot{E}_2'$ 的夹角 $\varphi_2' > 90°$，图 8-43 画出了异步电动机回馈制动时的相量图。由图可见，$\dot{U}_1$ 与 $\dot{I}_1$ 的夹角 $\varphi_1 > 90°$，定子电流 $\dot{I}_1$ 的有功分量 $I_{1a} = I_1 \cos\varphi_1 < 0$，即 $\dot{I}_{1a}$ 与 $\dot{U}_1$ 反相，异步电动机向电网发送有功功率，而 $\dot{I}_1$ 的无功分量 $I_{1b} = I_1 \sin\varphi_1 > 0$，异步电动机仍向电网吸收无功电流。

由于 $I_{2a}' < 0$，电磁转矩 $T_e = C_T \Phi \cos\varphi_2' < 0$，即电磁转矩与转向相反，说明电动机处于制动状态，由上可见，异步电动机处于向电网发送能量的制动状态，即回馈制动状态。

图 8-43　异步电动机回馈制动相量图

从以下两个方面同样可说明上述结论：电网向电动机输入的电功率 $P_1 = m_1 U_1 I_1 \cos\varphi_1$，因 $\varphi_1 > 90°$，故 $P_1 < 0$，即电动机向电网输出电能；电磁功率 $P_e = m_1 I_2'^2 R_2'/s$，$s < 0$，故 $P_e < 0$，表明气隙主磁通 Φ 传递能量由转子到定子，即功率由轴上输入(机械)功率经转子、定子到电网。

2) 机械特性和制动的应用

图 8-44(a) 表示异步电动机在回馈制动状态时的原理电路图。制动时，电磁转矩 T_e 与转速 n 反方向，机械特性在第二、四象限。由于回馈制动时，$n > n_1$，$s < 0$，所以当电机正转，即 n 为正值时，回馈制动状态的机械特性是第一象限正向电动特性曲线在第二象限的延伸，如图 8-44(b) 中曲线 1 所示；同样当电动机反转，即 n 为负值时，回馈制动机械特性是第三象限反向电动状态特性曲线在第四象限的延伸，如图 8-44(b) 中曲线 2 和曲线 3 所示。

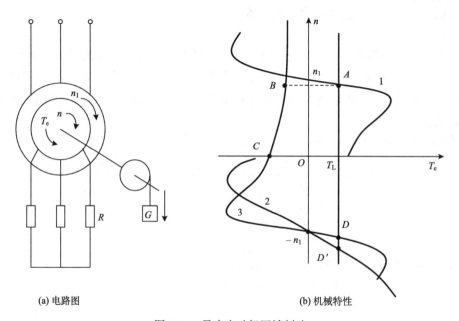

(a) 电路图　　　　　　　　　　　　　　　(b) 机械特性

图 8-44　异步电动机回馈制动

在生产实践中，异步电动机的回馈制动有以下两种情况：一种出现在位能性负载下放重物时，另一种是出现在电动机改变极对数或改变电源频率的调速过程中。

(1) 下放重物时的回馈制动。设电动机在提升重物时的转速 n 为正，则下放重物时转速 n 为负。提升时电动机运行于第一象限，如图 8-44(b) 中的 A 点所示；下放重物时，电动机必须运行于第四象限，如图 8-44(b) 中的 D(或 D')点所示，获得稳定的下放速度。重物在下放的过程中释放所储存的位能不断被电机吸收，并转换成电能回馈到电网中。由图 8-44(b) 可见，下放重物时，电动机转速 $|-n| > |-n_1|$，此时电磁转矩 T_e 为正值，与正向电动状态时的 T_e 同向。

异步电动机从提升重物(电动状态 A)到下放重物(回馈制动状态 D 点)的过程如下：首先将电动机定子两相反接，这时定子旋转磁场的同步速为 $-n_1$，机械特性如图 8-44(b) 中曲线 2 所示，由于拖动系统机械惯性的缘故，工作点由 $A \rightarrow B$，电磁转矩 T_e 为负值，即 T_e 与负载转矩 T_L 方向相同，并与转速 n 反向，这就使系统的转速很快降为零(对应 C 点)。在 $n = 0$ 处，起动转矩仍为负值，电动机沿机械特性反向加速，直到同步点$(-n_1)$，此时虽 $T_e=0$，但在重物产生的负载转矩T_L的作用下，继续沿特性反向加速，最后在 D 点稳定运行。电机以 $-n_D$ 的转速使重物匀速下放。若在转子电路中串入制动电阻，对应特性为图 8-44(b) 中的曲线 3，回馈制动工作点为 D' 点，制动转速将升高，重物下放速度将增大。为不致因电动机转速太高而造成事故，回馈制动时在转子电路内不允许串入太大的电阻值。

（2）变极或变频调速过程中的回馈制动。这种制动情况，可用图 8-45 来说明。假设电动机原来在机械特性曲线 1 上的 A 点稳定运行，当电动机的极对数增加或电源频率降低时，其对应的同步转速降为 n_1'，机械特性为曲线 2 在变极或变频的瞬间，由于系统的机械惯性，工作点由 A 点到 B 点，对应的电磁转矩为负值，即 T_e 与 T_L 同向并与转速 n 反向，因为，电动机处于回馈制动状态,迫使电动机快速下降，直到 n_1' 点。沿特性曲线 2 的 B 点到 n_1' 点为电机的回馈制动过程。在这个过程中，电动机不断吸收系统中释放的动能，并转换电能到电网。这一机

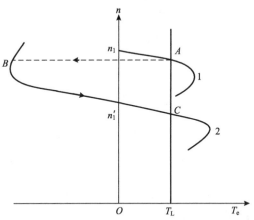

图 8-45　异步电动机在变极
或变频调速过程中的回馈制动

电过程与直流拖动系统增磁或降压时的过程完全相似。电动机沿特性曲线 2 的 n_1' 点到 C 点为电动状态的减速过程，C 点为拖动系统的最后稳定运行点。

8.5.2　反接制动

异步电动机反接制动有两种情况：一种是电源反接，使电磁转矩的方向与电动机的旋转方向相反，电动机处于制动状态；另一种是电源相序不变，在位能性负载的作用下，电动机被重物拉着反转，转子的旋转方向和旋转磁场的方向相反，电磁转矩实际起制动作用，称为倒拉反接制动。

1. 改变电源相序的反接制动

三相异步电动机改变电源相序的反接制动接线原理图如图 8-46(a) 所示，反接制动前，接触器 QA1 闭合，QA2 断开，异步电动机处于电动运行状态，稳定运行点在图 8-46(b) 中固有机械特性曲线（曲线 1）上的 A 点。反接制动时，断开 QA1，闭合 QA2，电动机定子绕组与电源的连接相序改变，定子绕组产生的旋转磁场随之反向，从而使转子绕组的感应电动势、电流和电磁转矩都改变方向，所以这时电动机的机械特性曲线应绕坐标原点旋转180°，成为图 8-46(b) 中的曲线 2。在电源反接的瞬间，由于机械惯性的作用，转子转速来不及改变，因此电动机的运行点从 A 点平移到曲线 2 的 B' 点，电动机进入反接制动状态，在电磁转矩 T_e 和负载转矩 T_L 的共同作用下，电动机的转速很快下降，到达 C' 点时，$n=0$，制动过程结束。

由于 C' 点的电磁转矩就是电动机的反向起动转矩，因此，当转速降到接近零时，应断开电源，否则电动机就可能反转。

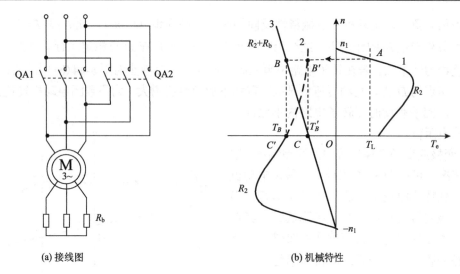

(a) 接线图　　　　　　　　　　　　　　(b) 机械特性

图 8-46　改变电源相序的反接制动

反接制动过程中，相应的转差率 $s > 1$，从异步电动机的等效电路可以看出，此时电动机的机械功率为

$$P_\text{m} = 3I_2'^2 \frac{1-s}{s} R_2' < 0$$

即负载向电动机输入机械功率。显然，负载提供的机械功率使转动部分的动能减少。转子回路铜损耗为

$$p_\text{Cu2} = 3I_2'^2 R_2' = P_\text{e} - P_\text{m} = P_\text{e} + |P_\text{m}|$$

因此，转子回路中消耗了从电源输入的电磁功率和负载送入的机械功率，数值很大。为了保护电动机不致过热而损坏，反接制动时，绕线转子异步电动机在转子回路中必须串入较大的制动电阻（比起动电阻还大），转子回路串电阻反接制动的机械特性曲线如图 8-46(b) 中曲线 3 所示。由图可见，串入外接制动电阻还可以起到增大制动转矩的作用，由于鼠笼式异步电动机的转子回路无法串电阻，因此反接制动不能过于频繁。

改变电源相序反接制动的制动效果好，适用于要求快速制动停车的场合，也适用于频繁正反转的生产机械。缺点是能量损耗大，不易准确停车，需要有控制装置在转速接近零时切断电源。

【例 8-6】　三相绕线转子异步电动机的铭牌数据为 $P_\text{N} = 90\text{kW}$，$k_\text{m} = 2.5$，$n_\text{N} = 972\text{r/min}$，$E_{2\text{N}} = 481\text{V}$，$I_{2\text{N}} = 118\text{A}$，转子绕组 Y 联结。电动机在固有机械特性上额定运行，现要求采用反接制动停车，且要求制动开始时电动机的制动转矩为 $2T_\text{N}$，求转子需串入多大电阻？

解　电动机的额定转矩

$$T_\text{N} \approx 9550 \frac{P_\text{N}}{n_\text{N}} = 9550 \times \frac{90}{972} = 884.3(\text{N} \cdot \text{m})$$

额定转差率

$$s_\text{N} = \frac{n_1 - n_\text{N}}{n_1} = \frac{1000 - 972}{1000} = 0.028$$

固有机械特性的临界转差率

$$s_{\mathrm{m}} = s_{\mathrm{N}}\left(k_{\mathrm{m}} + \sqrt{k_{\mathrm{m}}^2 - 1}\right) = 0.028 \times \left(2.5 + \sqrt{2.5^2 - 1}\right) = 0.13416$$

反接制动前的转差率

$$s' = \frac{-n_1 - n}{-n_1} = \frac{-1000 - 972}{-1000} = 1.972$$

反接制动时人为机械特性的临界转差率

$$s'_{\mathrm{m}} = s'\left(k_{\mathrm{m}}\frac{T_{\mathrm{N}}}{T'} + \sqrt{\left(k_{\mathrm{m}}\frac{T_{\mathrm{N}}}{T'}\right)^2 - 1}\right) = 1.972\left(2.5 \times \frac{T_{\mathrm{N}}}{2T_{\mathrm{N}}} + \sqrt{\left(2.5 \times \frac{T_{\mathrm{N}}}{2T_{\mathrm{N}}}\right)^2 - 1}\right) = 3.944$$

转子每相电阻

$$R_2 \approx \frac{E_{2\mathrm{N}}s_{\mathrm{N}}}{\sqrt{3}I_{2\mathrm{N}}} = \frac{481 \times 0.028}{\sqrt{3} \times 118} = 0.0659(\Omega)$$

反接制动时转子每相需要串入的电阻值

$$R = \left(\frac{s'_{\mathrm{m}}}{s_{\mathrm{m}}} - 1\right)R_2 = \left(\frac{3.944}{0.13416} - 1\right) \times 0.0659 = 1.871(\Omega)$$

2. 倒拉反接制动

拖动位能性恒转矩负载的绕线转子异步电动机在运行时,若在转子回路中串入一个定值的电阻,电动机的转速就会降低。如果所串电阻超过一定数值,电动机还会反转,这种状态称为倒拉反接制动,常用于起重机下放重物。

如图 8-47 所示,下放重物时,在绕线转子异步电动机转子电路中接入较大电阻 R_{B} 的瞬时,电动机的转子电流和电磁转矩减小,电动机的工作点便由固有机械特性曲线上的稳定运行点 A 平移到人为机械特性曲线上的 B 点,由于此时电磁转矩 T_{e} 小于负载转矩 T_{L},电动机将一直减速。当转速降至零时,电动机的电磁转矩仍小于负载转矩,则在负载转矩的作用下,电动机开始反转,直到电磁转矩重新等于负载转矩时,电动机才稳定运行于 C 点。这时,负载转矩和转子转速 n 同方向,起着拖动转矩的作用,电磁转矩 T_{e} 与转速 n 反方向,起着制动转矩的作用。

改变转子回路外串电阻的大小,可以改变下放重物的速度。制动电阻越小,人为机械特性曲线的斜率就越小,C 点越高,转速 n 越低,下放重物的速度越慢。但

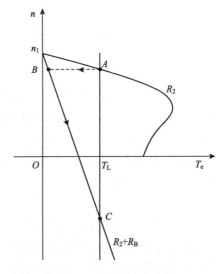

图 8-47　倒拉反接制动

是串入的电阻必须使转速过零点的电磁转矩小于负载转矩,否则只能降低起重机的提升速度,而不能稳定下放重物。

8.5.3 能耗制动

1. 能耗制动的基本原理

如图 8-48 所示，三相异步电动机处于电动运行状态的转速为 n，如果突然切断电动机的三相交流电源，同时把直流电流 I_- 通入它的定子绕组，例如，开关 Q1 打开、Q2 闭合，电源切换后的瞬间，三相异步电动机内形成一个在空间固定的磁动势。磁动势用 $\boldsymbol{F_-}$ 来表示，最大幅值为 F_-。

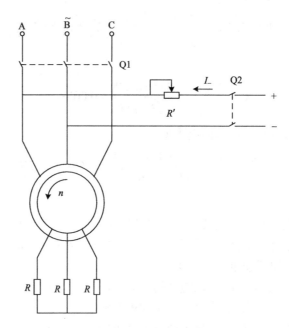

图 8-48　能耗制动接线图

在切换电源后的瞬间，由于机械惯性，电动机转速不能突变，继续维持原逆时针方向旋转，这样一来，空间固定不变的磁动势 $\boldsymbol{F_-}$ 相对于旋转的转子来说，变成了一个旋转磁动势，旋转方向为顺时针，转速大小为 n。正如三相异步电动机运行于电动状态下一样，转子与空间磁动势 $\boldsymbol{F_-}$ 有相对运动，转子绕组则感应电动势 $\dot{E}_2$，产生电流 $\dot{I}_2$，进而转子受到电磁转矩 T_e。T_e 的方向与磁动势 $\boldsymbol{F_-}$ 相对于转子的旋转方向一致，即转子受到顺时针方向作用的电磁转矩 T_e。

转子转向为逆时针方向，受到的转矩为顺时针方向，显然 T_e 与 n 反方向，电动机处于制动运行状态，T_e 为制动性的阻转矩。如果电动机拖动的负载为反抗性负载转矩，在此转矩作用下，电动机减速运行，直至转速 $n=0$。上述制动停车过程中，将转动部分储存的动能转换为电能消耗在转子回路中，故称为能耗制动过程。

三相异步电动机能耗制动过程中，电磁转矩 T_e 的产生，仅与定子磁动势的大小以及它与转子之间的相对运动有关。至于定子磁动势相对于定子本身是旋转的还是静止的则无关紧要。因此，分析能耗制动可以用三相交流电流产生的旋转磁动势 $\boldsymbol{F_\sim}$ 等效替代直流磁动势 $\boldsymbol{F_-}$。等效的条件如下：

(1)保持磁动势幅值不变，即 $F_- = F_\sim = F$；

(2)保持磁动势与转子之间相对转速不变，为 $0 - n = -n$。

2. 定子等效电流

异步电动机定子通入直流电流 I_-，产生磁动势 F_-，其幅值的大小与定子绕组的接法及通入 I_- 的大小有关。如图 8-49 所示，当 I_- 从出线端 A 进 B 出时，如果电动机定子绕组为 Y 接法，则 A 相绕组和 B 相绕组分别产生磁动势 F_A 和 F_B，两者幅值相等，空间相差 60°电角度，如图 8-49 所示。F_A 和 F_B 及合成磁动势 F_- 的大小为

$$F_A = F_B = \frac{4}{\pi}\frac{1}{2}\frac{N_1 k_{w1}}{p} I_-$$

$$F_- = \sqrt{3}\frac{4}{\pi}\frac{1}{2}\frac{N_1 k_{w1}}{p} I_-$$

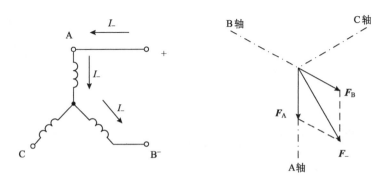

图 8-49 定子通入直流电流时的磁动势

把 F_- 等效为三相交流电流产生的，每相交流电流的有效值大小为 I_1，则交流磁动势幅值为

$$F_\sim = \frac{3}{2}\frac{4}{\pi}\frac{\sqrt{2}}{2}\frac{N_1 k_{w1}}{p} I_1$$

等效的原则是 $F_- = F_\sim$，等效的结果是

$$\frac{3}{2}\frac{4}{\pi}\frac{\sqrt{2}}{2}\frac{N_1 k_{w1}}{p} I_1 = \sqrt{3}\frac{4}{\pi}\frac{1}{2}\frac{N_1 k_{w1}}{p} I_-$$

由此得

$$I_1 = \sqrt{\frac{2}{3}} I_-$$

上式说明，对于图 8-49 所示的定子 Y 接法方式，I_- 产生的磁动势可以用 $I_1 = \sqrt{\frac{2}{3}} I_-$ 的三相交流电流产生的磁动势等效。

3. 转差率及等效电路

磁动势 $F_\sim$ 与转子相对转速为 $-n$，$F_\sim$ 的转速即同步转速为 $n_1 = \frac{60 f_1}{p}$，能耗制动转差率

$s = -\dfrac{n}{n_1}$，转子绕组感应电动势 $\dot{E}_{2s}$ 的大小与频率为

$$\dot{E}_{2s} = s\dot{E}_2$$
$$f_2 = |sf_1|$$

例如，转子转速 $n = 0$ 时，$s = 0$，$E_{2s} = 0$；$n = n_1$ 时，$s = -1$，$f_2 = f_1$，$\dot{E}_{2s} = -\dot{E}_2$；而 $n = -n_1$ 时，$s = 1$，$f_2 = f_1$，$\dot{E}_{2s} = \dot{E}_2$ 等。其中 E_2 是磁动势与转子相对转速为 $-n_1$，即 $n = n_1$ 时转子绕组的电动势。

把转子绕组匝数、相数、绕组系数及转子电路的频率都折合到定子边后，三相异步电动机能耗制动的等效电路如图 8-50 所示。注意，等效电路图中各电量是等效电流 I_1 产生磁动势 $\dot{F}_- = \dot{F}_\sim$ 作用的结果，并非指电动机运行时的量。

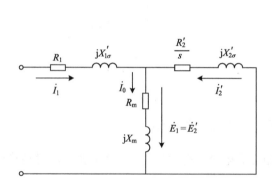

图 8-50　能耗制动时的等效电路

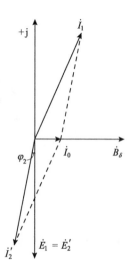

图 8-51　能耗制动时的电流关系

4. 能耗制动的机械特性

能耗制动时，忽略电动机铁心损耗。根据等效电路图画出电动机定子电流 $\dot{I}_1$、励磁电流 $\dot{I}_0$ 及转子电流 $\dot{I}_2'$ 之间的相量关系，如图 8-51 所示。它们之间的关系为

$$I_1^2 = I_2'^2 + I_0^2 - 2I_2'I_0\cos(90° + \varphi_2) = I_2'^2 + I_0^2 + 2I_2'I_0\sin\varphi_2 \tag{8-71}$$

忽略铁心损耗后，则有

$$I_0 = \frac{E_1}{X_m} = \frac{E_2'}{X_m} = \frac{I_2'Z_2'}{X_m} = \frac{I_2'}{X_m}\sqrt{\left(\frac{R_2'}{s}\right)^2 + X_{2\sigma}'^2} \tag{8-72}$$

另外，还有

$$\sin\varphi_2 = \frac{X_{2\sigma}'}{\sqrt{\left(\frac{R_2'}{s}\right)^2 + X_{2\sigma}'^2}} \tag{8-73}$$

把式(8-72)和式(8-73)代入式(8-71)，整理后得

$$I_2'^2 = \frac{I_1^2 X_m^2}{\left(\dfrac{R_2'}{s}\right)^2 + \left(X_m + X_{2\sigma}'\right)^2}$$

电磁转矩为电磁功率除以同步角速度 Ω_1，即

$$T_e = \frac{P_e}{\Omega_1} = \frac{3I_2'^2 \dfrac{R_2'}{s}}{\Omega_1} = \frac{3I_1^2 X_m^2 \dfrac{R_2'}{s}}{\Omega_1\left(\left(\dfrac{R_2'}{s}\right)^2 + \left(X_m + X_{2\sigma}'\right)^2\right)} \tag{8-74}$$

式 (8-74) 为能耗制动的机械特性表达式。能耗制动时，I_1 视为已知量。

根据式 (8-74) 画出三相异步电动机能耗制动时的机械特性如图 8-52 所示。显然，能耗制动时的机械特性与定子接三相交流电源运行时的机械特性很相似，是一条具有正、负最大值的曲线，电磁转矩 $T_e = 0$ 所对应的转差率 $s = 0$，其相应的转速 $n = 0$。图 8-52 中曲线 1 与曲线 2 相比，只是磁动势不同而已，前者磁动势强，后者磁动势弱。曲线 3 表示转子回路电阻大的结果。从图 8-52 的机械特性看出，改变直流励磁电流的大小，或者改变绕线式异步电动机转子回路每相所串电阻阻值 R_{st}，都可以调节能耗制动时的机械特性。

三相异步电动机拖动反抗性恒转矩负载运行时，采用能耗制动停车。电动机的运行点如图 8-53 所示。从 $A \to B \to 0$，最后准确停在 $n = 0$ 处。如果拖动反抗性恒转矩负载，则需要在制动到 $n = 0$ 时及时切断直流电源，才能保证准确停车。

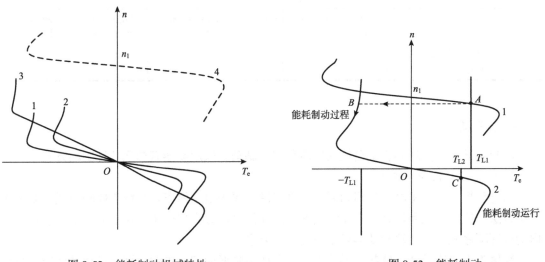

图 8-52　能耗制动机械特性　　　　　　　　　图 8-53　能耗制动

采用能耗制动停车时，考虑到既要有较大的制动转矩，又不会使定、转子回路电流过大而使绕组过热，根据经验，对图 8-48 所示接线方式的异步电动机，能耗制动时对鼠笼式异步电动机取

$$I_- = \left(4 \sim 5\right)I_0$$

对绕线式异步电动机取

$$I_- = \left(2 \sim 3\right)I_0$$

$$R_{st} = \left(0.2 \sim 0.4\right)\frac{E_{2N}}{\sqrt{3}I_{2N}}$$

能耗制动停车过程，电动机运行于第 II 象限的机械特性上。对于拖动位能性恒转矩负载，电动机减速到 $n=0$ 后，接着便反转，如图 8-53 所示，最后稳定运行于第 IV 象限的工作点 C。在这种稳态下，电动机转矩 $T_e>0$，而转速 $n<0$。

以上介绍了三相异步电动机的三种制动方法。为了便于掌握，现将三种制动方法及其能量关系、优缺点以及应用场合进行比较，列于表 8-3 中。

表 8-3　各种制动方式的比较

比较	能耗制动	反接制动		回馈制动
		定子两相反接	转速反向	
方法（条件）	断开交流电源的同时，在定子两相中通入直流电	突然改变定子电源的相序，使旋转磁场反向	定子按提升方向接通电源，转子串入较大电阻，电机被重物拖着反转	在某一转矩作用下，使电动机的转速超过同步转速，即 $n>n_1$
能量关系	吸收系统储存的动能转换成电能，消耗在转子电路的电阻上	吸收系统储存的机械能，作为主轴上输入的机械能并转换成电能，连同定子传递给转子的电磁功率一起全部消耗在转子电路的电阻上		轴上输入机械功率并转换成定子的电动率，由定子回馈给电网
优点	制动平稳，便于实现准确停车	制动强烈，停车迅速	能使位能负载以稳定转速下降	能向电网回馈电能，比较经济
缺点	制动较慢，需增设一套直流电源	能量损耗大，控制较复杂，不易实现准确停车	能量损耗大	在 $n<n_1$ 时不能实现回馈制动
应用场合	要求平稳、准确停车的场合；限制位能性负载的下降速度	要求迅速停车和需要反转的场合	限制位能性负载的下降速度，并在 $n<n_1$ 的情况下采用	限制位能性负载的下降速度，并在 $n>n_1$ 的情况下采用

8.5.4　软制动

软起动器可以实现异步电动机的软停车与软制动。软起动器有如下几种制动方式。

1. 转矩控制软停车方式

当电动机需要停车时，立即切断电动机电源，属于自由停车，传统的控制方式大都采用这种方法。但许多应用场合，不允许电动机瞬间停机。如高层建筑、楼宇的水泵系统，要求电动机逐渐停机，采用软起动器可以满足这一要求。

软停车方式通过调节软起动器的输出电压逐渐降低而切断电源，这一过程时间较长且一般大于自由停车时间，故称作软停车方式。转矩控制软停车方式，是在停车过程中，匀速调整电动机转矩的下降速率，实现平滑减速。图 8-54 所示为转矩控制软停车特性曲线。减速时间 t_1 一般是可设定的。

2. 制动停车方式

当电动机需要快速停机时，软起动器具有能耗制动功能。在实施能耗制动时，软起动器向电动机定子绕组通入直流电，由于软起动器是通过晶闸管对电动机供电，因此很容易通过改变晶闸管的控制方式而得到直流电。图 8-55 所示为制动停车方式特性曲线，一般可设定制

动电流加入的幅值 I_{L1} 和时间 t_1，但制动开始到停车时间不能设定，时间长短与制动电流有关，应根据实际应用情况，调节加入的制动电流幅值和时间来调节制动时间。

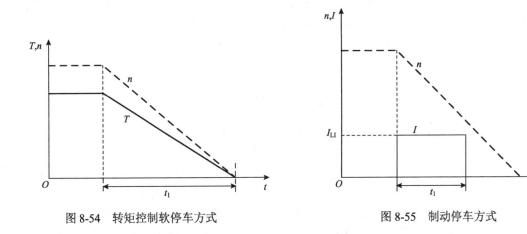

图 8-54 转矩控制软停车方式   图 8-55 制动停车方式

8.5.5 三相异步电动机的各种运行状态

三相异步电动机的固有机械特性与各种人为机械特性分布于 T_e-n 直角坐标平面的四个象限。在异步电动机拖动各种不同负载时，如果改变异步电动机电源电压的大小或者相序，或者改变异步电动机定子回路外串阻抗的大小、转子回路外串电阻的大小，或者改变定子的极数等，三相异步电动机就会运行在四个象限的各种不同状态。

与直流电动机相同，三相异步电动机按其电磁转矩 T_e 与转速 n 的方向相同还是相反，分为电动运行状态和制动运行状态。各种运行状态的机械特性曲线如图 8-56 所示。

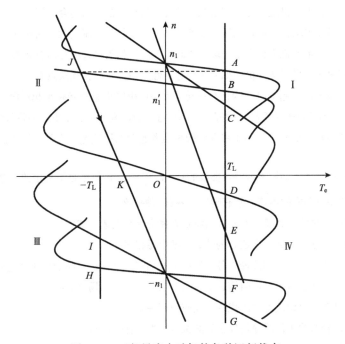

图 8-56 三相异步电动机的各种运行状态

从图 8-56 中可以看出，在第 Ⅰ 象限，T_e 为正，n 也为正，稳定工作点 A、B、C 为正向电动运行点。在第 Ⅲ 象限，T_e 为负，n 也为负，工作点 H、I 为反向电动运行点。在第 Ⅱ 象限，T_e 为负，n 为正，JK 段为反接制动过程。在第 Ⅳ 象限，T_e 为正，n 为负，工作点 F、G 为反向回馈制动运行点，工作点 D 是能耗制动运行点，工作点 E 是倒拉反转运行点。

三相异步电动机可根据生产机械的要求运行于各种状态，所以它广泛应用于生产实际中。

本 章 小 结

本章讨论了三相异步电动机运行中的起动、调速和制动方法。

对异步电动机起动的主要要求是起动电流小，而起动转矩大。鼠笼式异步电动机在电网容量允许时，可以采用全压起动；否则应采用降压起动，以减小起动电流。常用的降压起动方法有电抗器起动、星-三角降压起动、自耦变压器起动等，降压起动时，起动转矩按电压的平方关系而减小，因此在对起动性能要求高的场合，常采用绕线转子异步电动机转子串接电阻或频敏变阻器起动，既可增加起动转矩，又能减小起动电流。此外，也可选用转子电阻较大、深槽或双鼠笼式的异步电动机。

电制动是一种使电机产生电能并使之削减或反馈给电源，同时产生与转子旋转方向相反的电磁转矩的制动方式。应掌握异步电动机的反接制动、回馈制动和能耗制动的基本原理。

异步电动机的调速方法可以归纳为改变转差率和改变同步转速两大类。应理解和掌握所讨论的各种调速方法的基本原理，为后续相关课程的学习打下基础。

习 　 题

8-1 小容量的三相异步电动机为什么可以直接起动？

8-2 常用的三相异步电动机起动方法有哪些？各有何特点？在什么场合应用？

8-3 普通鼠笼式异步电动机在额定电压下起动时，为什么起动电流很大，而起动转矩并不大？

8-4 普通鼠笼式异步电动机为什么要采取降压起动？降压起动对起动转矩有何影响？

8-5 深槽式和双鼠笼式异步电动机是如何改善起动性能的？有什么优缺点？

8-6 绕线转子异步电动机起动时，为什么在转子回路中串联电阻既能减小起动电流，又能增大起动转矩？串入转子回路中的起动电阻是否越大越好？在起动过程中，为什么起动电阻要逐级切除？

8-7 绕线转子异步电动机转子回路中串联频敏变阻器起动的原理是什么？与转子回路串电阻起动相比有何好处？

8-8 有人认为三相异步电动机机械特性曲线的 $0 < n < (1-s_m)n_1$ 段都是不稳定的，这种说法是否正确？

8-9 一般三相异步电动机的调速方式有哪些？各有何特点？

8-10 变频调速的机械特性有哪些？各有何特点？属于什么调速方式？

8-11 变极调速的原理是什么？调速时为什么要换电源相序？

8-12 一般变极调速的形式有哪几种？各自机械特性的特点是什么？属于何种调速方式？

8-13 串级调速为什么比转子串电阻调速效率高？它适用于什么场合？

8-14 试比较各种变转差调速方法的优缺点及应用范围。

8-15 电磁转差离合器的工作原理是什么？其机械特性有什么特点？

8-16 一般三相异步电动机的制动方法有哪些？各有何特点？

8-17　回馈制动的特点是什么？在什么场合可能出现回馈制动？

8-18　倒拉反转适用于拖动哪种负载？其功率传递关系如何？

8-19　试举例说明反接制动的过程及功率转换关系。

8-20　能耗制动的原理是什么？绘出其机械特性。

8-21　有一台鼠笼式三相异步电动机技术数据为 $P_N = 90\text{kW}$，$n_N = 1480\text{r/min}$，$f_N = 50\text{Hz}$，最大转矩倍数 $k_m = 2.2$。试求：(1)电磁转矩的实用公式；(2)当转速为 $n_N = 1487\text{r/min}$ 时的电磁转矩。(3)当负载转矩为 $T_L = 450\text{N·m}$ 时的转速。

8-22　有一台鼠笼式三相异步电动机技术数据为 $P_N = 75\text{kW}$，$n_N = 1480\text{r/min}$，$I_N = 139\text{A}$，定子绕组△接法，起动电流倍数 $k_{sti} = I_{st}/I_N = 6$，起动转矩倍数 $k_{st} = T_{st}/T_N = 1.6$。拖动负载转矩为 $T_L = 265\text{N·m}$，供电变压器允许起动电流不大于 350A。试通过计算，选择合适的降压起动方式。

8-23　某台绕线转子异步电动机的数据为 $P_N = 30\text{kW}$，$n_N = 1475\text{r/min}$，$T_m = 3.0T_N$，$E_{2N} = 360\text{V}$，$I_{2N} = 51.5\text{A}$。设起动时负载转矩 $T_L = 0.75T_N$，试求转子串电阻三级起动的起动电阻值。

8-24　有一台多速异步电动机 $P_N = 3.0/4.0\text{kW}$，$n_N = 970/1470\text{r/min}$，最大转矩倍数 $k_m = 2.1/2.2$。试求负载转矩为 $T_L = 0.8T_N$ 时的转速。

8-25　有一台变频异步电动机 $P_N = 75\text{kW}$，$U_N = 380\text{V}$，△接法，$f_N = 50\text{Hz}$，$n_N = 1450\text{r/min}$，最大转矩倍数 $k_m = 2.4$，如果保持负载转矩为额定转矩不变，采用恒压频比变频调速。试求 $n = 550\text{r/min}$ 时，调节的频率和电压是多少？

8-26　某起重机由一台三相绕线转子异步电动机拖动，电动机主要数据为 $P_N = 22\text{kW}$，$U_N = 380\text{V}$，$n_N = 735\text{r/min}$，$k_m = 2.4$，$E_{2N} = 210\text{V}$，$I_{2N} = 65.5\text{A}$。当电动机以 $n = 780\text{r/min}$ 的转速匀速下放重物，负载转矩为 $T_L = 214.4\text{N·m}$ 时，转子每相串入的电阻值为多少？

8-27　某台绕线转子异步电动机的数据为 $P_N = 55\text{kW}$，$k_m = 2.8$，$n_N = 985\text{r/min}$，$E_{2N} = 423\text{V}$，$I_{2N} = 80\text{A}$。电动机在固有机械特性的额定点运行：(1)现采用反接制动停车，且制动时电动机制动转矩为 $2T_N$。求转子电阻值为多少？(2)如果拖动位能性负载 $T_L = 0.8T_N$，下放重物时，$n = 300\text{r/min}$，转子电阻值又为多少？

第9章　同步电动机的电力拖动

【本章要点】本章在分析同步电动机的机械特性和稳定运行范围的前提下，讨论同步电动机的起动、调速和制动的方法。

　　同步电动机主要应用于某些大型生产机械拖动系统中，功率达到数百或数千千瓦。同步电动机自身具有独特的优点：一是在稳定运行时转速恒定，其同步转速只与电源频率有关，不随负载和电压的变化而变化，运行稳定性好，过载能力强；二是通过调节其励磁电流可以提高功率因数，既可在功率因数为1的状态下运行，又可改善电网的功率因数，运行效率高，而且容量越大的同步电动机比同容量的异步电动机体积小。但在相当长的时期，由于它起步困难，加之又不能调速，使其应用受到极大的限制。近年来，随着计算机控制技术和电力电子技术的迅速发展，以及以各种半导体功率器件为核心的变频技术日趋成熟，同步电动机的起动和调速问题得以解决，同步电动机跨入了变频调速电机的行列，而且在大容量电力拖动场合，同步电动机的控制性能优于异步电动机。不仅如此，一些新型同步电动机也得到了迅速发展，这既体现了电动机与电子技术相互交叉和融合，又开创了电机学科以及调速系统新的发展方向。

9.1　同步电动机的机械特性

　　当电源频率 f_1 一定时，三相同步电动机的转速与电磁转矩的关系 $n=f(T_e)$ 称为机械特性。

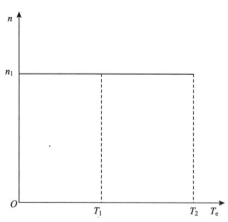

图 9-1　同步电动机机械特性曲线

根据分析，同步电动机的转速为同步转速 $n_1=60f_1/p$，也就是说，f_1 一定时，转速 $n=n_1=$ 常数，与机械负载的轻重无关。同步电动机机械特性曲线如图 9-1 所示。这是一种绝对的硬特性。例如，T 系列用于驱动风机、水泵、压缩机及其他通用设备的同步电动机机械特性，电动机频率为50Hz，功率因数为0.9（超前），单轴伸，卧式安装，且允许全压直接起动。

　　同步电动机如果要产生恒定的电磁转矩，必须使功率角恒定不变，转子磁极与气隙磁极不能有相对运动，即转子转速必须等于同步转速。也就是说同步电动机不可能在非同步转速下异步运行。如果 $n \neq n_1$，就会出现这样的情况，当转子磁极与气隙等效磁极靠近时，转子受到相反的一推一拉的磁拉力。因此，旋转磁场每转一圈，转子所受到的平均电磁转矩等于零，没有拖动转矩。

　　当同步电动机处于稳定运行状态时，同步电动机以同步转速旋转。当同步电动机的机械负载等因素发生变化时，同步电动机的调节使其在新的工作条件下重新保持同步运行。现在从同步电动机的转矩角特性来分析这个问题。如果电动机工作在 A 点，如图9-2所示，对于 A 点的功率角和电磁转矩分别为 θ_A 和 T_A，$T_A=T_L+T_0$。当负载突然增加 ΔT_L 时，使 $T_A<T_L+\Delta T_L+T_0$，电动机逐渐减速，致使功率角 θ 增大 $\Delta\theta_A$，电磁转矩 T_A 也相应增大；当 θ 增大到 $\theta_{A'}$ 时，电磁转矩 T_e 相应增大到 $T_{A'}$，$T_{A'}=T_L+\Delta T_L+T_0$，电磁转矩重新与负载转矩平衡，电动机便在比原来大的功率角下重新以同步转速稳定运行于 A' 点。

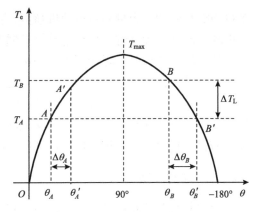

图 9-2　同步电动机的稳定分析

如果电动机原来工作在 B 点，对应的功率角和电磁转矩为 θ_B 和 T_B，$T_B=T_L+T_0$。当负载忽然增加 ΔT_L 时，$T_B<T_L+\Delta T_L+T_0$，电动机减速，功率角 θ 增大到 $\theta_{B'}$，但是，B 点位于转矩角特性的下降段，功率角 θ 增大 $\Delta\theta_B$，电磁转矩 T_e 反而减小到 $T_{B'}$，电动机减速加剧；由此导致 θ 进一步增大，电磁转矩再进一步减小，如此进行下去，找不到新的平衡点，电动机的转速偏离同步转速，出现失步现象，因而电动机不能稳定运行。

综上所述，同步电动机的稳定运行区间为 $0°<\theta<90°$，即转矩角特性的上升段（与同步发电机一样）。对于隐极同步电动机，当 $\theta=90°$ 时，电磁转矩达到最大值 T_{max}；凸极同步电动机在 $45°<\theta<90°$ 时，电磁转矩可以达到最大值 T_{max}。

同步电动机的最大电磁转矩 T_{max} 与额定电磁转矩 T_N 之比，称为过载能力倍数，用 k_m 表示，一般以额定电压 U_N、额定励磁 $I_f=I_{fN}$ 时的 T_{max} 与 T_N 之比来表示：

$$k_m=\frac{T_{max}}{T_N} \tag{9-1}$$

与同步发电机特点相似，增大电动机的励磁，可以提高最大电磁转矩，从而增加其过载能力。一般生产机械要求同步电动机的过载能力倍数 k_m（三相隐极同步电动机的 $k_m=\frac{1}{\sin\theta_N}$）为 2～3.5。

9.2　同步电动机的起动

同步电动机没有起动转矩，不能自行起动。这是因为，起动时转子绕组施加直流励磁，电枢三相绕组只要一投入电网，马上就会产生以同步转速旋转的旋转磁场，而转子磁场静止不动（初始转速为零）。此时定子旋转磁场和转子的静止磁场相互作用，具有很大的相对运动，使转子承受平均值为零的交变转矩，故而不能自行起动。同步电动机只能在同步转速时才能产生恒定的同步电磁转矩。为此，需要专门研究同步电动机的起动问题。目前，经常采用拖动起动法、异步起动法和变频起动法三种方法来起动同步电动机。

9.2.1　拖动起动法

拖动起动法，又称辅助电动机起动法，是一种古老的起动方法。通常选用与三相同步电动机极数相同的小容量异步电动机(容量为同步电动机的 5%~15%)作为起动设备,来拖动同步电动机起动。起动时,异步电动机接通电源起动,同步电动机的交直流电源均不接通。当转速接近同步转速时,再给同步电动机分别加上直流励磁电源和三相交流电源,依靠同步电动机的自整步作用将转子牵入同步转速运行;最后切断起动用的异步电动机的电源,起动完毕。这种方法的缺点是不利于带负载起动,否则辅助异步电动机的容量太大,增加设备投资、操作复杂,占地面积大。因此,拖动起动法较少被采用。如果主机同轴上装有足够容量的直流励磁机,直流励磁机也可以兼做辅助电动机。

9.2.2　异步起动法

异步起动法就是在同步电动机转子磁极上装设起动绕组,它也是一种传统的起动方法,大多数同步电动机都用这种方法来起动。具体的结构处理是在主极极靴上开槽,槽中插铜导条,在铜导条两端用铜板或铜环把这些导条的端部焊接在一起形成类似于鼠笼式异步电动机转子绕组,由于该绕组在电动机中起起动作用,故称为起动绕组;这些绕组在发电机中也用于减小振荡,又称为阻尼绕组。当同步电动机定子绕组接到电源上时,通过转子上的起动绕组,产生异步起动转矩,使电动机像异步电动机一样起动。当起动转速达到同步电动机的 95%时,接通同步电动机励磁绕组直流电源,转子自动牵入同步,以同步转速运行。同步电动机的异步起动原理图如图 9-3 所示。

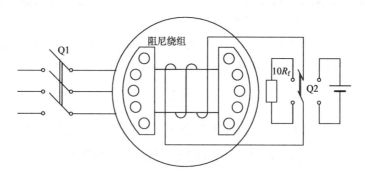

图 9-3　异步起动原理图

起动时,不能把励磁绕组直接短路,否则励磁绕组中感应电流产生的转矩可能使电动机起动转速达不到同步转速。所以先将转换开关 Q2 合向左侧,即先在励磁绕组中串入相当 5~10 倍的励磁电阻的限流电阻 $10R_f$,然后合上电源开关 Q1,依靠起动绕组(阻尼绕组)中的感应电流所产生的异步电磁转矩,使同步电动机像异步电动机一样起动;待转速上升到接近同步转速时,再将转换开关 Q2 合向右方,接入励磁电源,给励磁绕组通入励磁电流,使转子建立主极磁场,此时依靠定、转子磁场相互作用所产生的同步电磁转矩,再加上由于凸极效应所引起的磁阻转矩,把转子牵入同步,完成起动过程。磁阻转矩是定子旋转磁场吸引转子凸极铁心而产生的。异步状态下磁阻转矩是交变的,变化的频率与转差率 s 成正比,s 较大,磁阻转矩对电机的转速影响小,相反影响大。

如果在异步起动阶段励磁绕组短路,相当于一个单相绕组的励磁绕组中会产生感应电流,该电流与旋转磁场相互作用所产生的单轴转矩,有可能使电动机的转速不能升高到接近同步转速。如果在异步起动阶段励磁绕组开路,由于转子与旋转磁场间有很高的转差,旋转磁场必定要在匝数较多的励磁绕组中感应出较高的电动势，又可能损坏励磁绕组的绝缘，或引起人身事故。因此在异步起动阶段，转子上的励磁绕组不能短路也不能开路，而是先与一个电阻连接成闭合回路，而后再接通励磁电源，以减小单轴转矩。

同步电动机异步起动时，可以像异步电动机一样，在额定电压下直接起动，也可以采用各种减压起动的方法来限制起动电流。例如，星-三角降压起动、自耦变压器降压起动或定子串电抗器起动等。

9.2.3　变频起动法

变频起动法需要变频电源，是近十几年随着变频技术的发展而出现的新起动方法。同步电动机起动时，电动机的转子加上励磁电流，交流电源通过变频器给同步电动机定子供电，并把变频器输出的频率调得很低（如 0.5Hz），由于同步电动机的电枢旋转磁场转得很慢，以很慢的速度带动转子跟随起动；然后逐步调高变频器输出的频率，定子端电源频率逐渐增加，使电枢旋转磁场和转子的转速逐步加快。一直到定子端电源频率到达额定值，转子端转速也到达额定转速为止，起动结束。大多大型同步电动机采用此法起动。

9.3　同步电动机的调速和制动

9.3.1　同步电动机的调速

同步电动机最初只用于拖动恒速负载和改善功率因数的场合，在没有变频电源的情况下，很难想象对同步电动机进行调速。

随着电力电子技术的不断发展，同步电动机只能恒速运行的状况已被改变，同步电动机和异步电动机一样都能调速。同步电动机变频调速的原理和方法与一般电动机变频调速基本相同。同步电动机的转速 n_1 和电源频率 f_1 之间保持严格的同步关系，只要精确地控制变频电源的频率，便能准确控制电动机的转速。在低频率时，同步电动机能从转子进行励磁建立磁场，所以也能运行，故调速范围比较宽。同步电动机的交流调速系统能对负载转矩做出快速反应，而且转动部分的惯性不会影响同步电动机对转矩的快速响应。同步电动机在功率因数为 1 的状况下，电枢电流最小，变频容量也可以减少。

如今同步电动机变频调速应用领域十分广泛，同步电动机调速系统的功率由数瓦的微型同步电动机到几百兆瓦的大型同步电动机，已成为交流调速系统的一大分支。例如，用于某水泥厂球磨机的无级调速的交-交变频同步电动机传动系统；用于矿井提升机的主传动的交-交变频同步电动机矢量控制系统等。目前，用于调速的同步电动机还包括采用静止整流器励磁的有刷励磁同步电动机；采用旋转整流器励磁的无刷可调励磁同步电动机；不需要励磁绕组和励磁电源的永磁同步电动机，其具有结构简单、运行可靠、维护方便、体积小、重量轻、损耗小、效率高等特点。在千瓦数量级的伺服系统中，用于取代直流电动机；一种控制系统简易的永磁同步电动机，即无刷直流电动机，该电动机的结构与上述永磁同步电动机差别不大，定、转子均采用凸极结构的开关磁阻电动机，转子上没有绕组，而定子绕组是集中绕组。

同步电动机的调速方法除了变频调速以外，根据控制方式的不同，同步电动机变频调速系统可以分为他控式变频调速系统和自控式变频调速系统两大类。常见的自控式变频调速系统有永磁同步电动机伺服调速系统、无刷直流电动机调速系统和开关磁阻电动机调速系统等。他控式变频调速系统中所用的变频器是独立的，输出频率直接由转速给定信号设定，属于转速开环控制系统。由于这种调速系统没有解决同步电动机的失步和振荡等问题，故在实际中很少采用；自控式变频调速系统中所用的变频器不是独立的，而是受控于转子位置检测器的检测信号，其同步电动机的转速始终与磁场的转速保持同步，从而克服了失步和振荡等问题。

9.3.2　同步电动机的制动

同步电动机只有一种制动方法，即采用能耗制动快速停机。制动时，将三相电源切断，把同步电动机的电枢三相绕组接头直接与一组星形联结的对称制动电阻相连。同步电动机由于惯性继续旋转，三相电枢绕组切割主极磁通，仍然产生感应电动势，并形成三相对称电流，通过制动电阻耗能。此时的电磁转矩起制动作用，也就是同步电机正处在发电状态，使同步电动机迅速停机。在能耗制动过程中，系统的动能转换成了电能被三相制动电阻所消耗。同步电动机的能耗制动原理与直流电动机完全相同。由于同步电动机只能稳定运行于同步转速，无法采用回馈制动和反接制动。

本 章 小 结

同步电动机的同步转速只与电源频率有关，不随机械负载和电压的变化而变化，机械特性曲线是一种绝对的硬特性，运行稳定性好，过载能力强；通过调节其励磁电流可以提高功率因数，提高运行效率。

同步电动机的稳定运行区间为 $0° < \theta < 90°$。对于隐极同步电动机，当 $\theta = 90°$ 时，电磁转矩达到最大值；凸极同步电动机在 $45° < \theta < 90°$ 时，电磁转矩可以达到最大值。

同步电动机没有起动转矩，不能自行起动，常采用拖动起动法、异步起动法和变频起动法三种方法来起动同步电动机；其调速方法采用变频调速；其制动方法采用能耗制动快速停机。

习　题

9-1　为什么说同步电动机本身无起动能力？同步电动机一般采用哪几种起动方法？各有何不同？采用异步起动法起动时应注意哪些事项？

9-2　同步电动机起动时为什么励磁绕组不能开路？为什么不直接短路？

9-3　同步电动机一般采用哪种调速方法？有何特点？

9-4　同步电动机一般采用哪种制动方法？有何特点？

第10章 电力拖动系统电动机的选择

【本章要点】电动机选择的原则是在满足生产机械对稳态和动态特性要求的前提下，优先选用结构简单、运行可靠、维护方便、价格便宜的电动机。其选择内容包括种类、形式的选择；额定电压和额定转速的选择；额定功率的选择；绝缘等级的选择，三种典型工作制工况下额定功率的选择、过载和起动能力校验。

通过本章学习使学生对电动机选择有一个总体认识。要求学生在一定条件下能合理选择电动机。

在设计电力系统时，首先面临的问题就是如何选择合适的电动机。正确选择电动机是保证电动机可靠运行的重要环节。选择电动机的主要内容包括电动机的种类、形式、额定电压、额定转速和额定功率等。

在选择电动机时，额定功率的选择最为重要。正确选择电动机的功率，应当是在电动机能够胜任生产机械负载要求的前提下，经济合理地决定电动机的功率。另外，电动机的发热与冷却直接关系到电动机的温升，也决定了电动机是否能按设计的额定功率运行。因此，本章在简要介绍电动机选择的基本原则后，专门讨论电动机的发热与冷却问题，最后比较详细地分析电动机功率的确定原则。

10.1 电动机选择基本原则

电力拖动系统中电动机选择的基本原则是既满足机械负载对稳态和动态特性的要求，又要优先选择结构简单、运行可靠、维护方便、价格便宜的电动机。以保证系统可靠、经济运行。电动机选择的内容包括以下几个方面。

10.1.1 电动机类型的选择

为正确选择电动机的类型，一是需要掌握生产机械的工作特点，以便于对电动机在机械特性、起动性能、制动方法以及过载能力等方面提出要求；二是需要掌握各类电动机的性能特点、价格高低以及维护成本等，进行经济技术比较。电动机种类选择应考虑的主要内容如下：

(1)电动机的机械特性应与其拖动生产机械的机械特性相匹配。

(2)电动机的调速范围、平滑性、调速经济性等几个方面，都应该满足生产机械的要求。调速性能的要求取决于电动机的种类、调速方法和其控制方法。

(3)不同的生产机械对电动机的起动性能有不同的要求，电动机的起动性能影响起动转矩的大小，电动机的起动电流受电网容量的限制。

(4)采用交流电源比较方便，而直流电源还必须通过整流设备将交流电转换成直流电，所以交流电动机比直流电动机使用广泛。

（5）电力拖动系统的经济性是在满足生产机械对电动机各方面运行性能要求的前提下，优先选用价格便宜、维护方便、节约电能、效率高的电力拖动系统。

在选择电动机时，应进行综合分析以确定最佳方案。表 10-1 给出了电动机的主要种类、性能特点和典型生产机械应用实例。

表 10-1　电动机的种类、主要特点和典型应用举例

种类		主要特点	典型生产机械举例
直流电动机	他励、并励	机械特性硬、起动转矩大、调速性能好、可靠性较低、价格和维护成本高	调速性能要求高的生产机械，如大型机床、高精度车床、可逆轧钢机、造纸机、印刷机等
	串励	机械特性软、起动转矩大、调速方便、可靠性较低、价格和维护成本高	如电车、电汽车、起重机、吊车、卷扬机、电梯等
	复励	机械特性硬度介于并励和串励之间、起动转矩大、调速方便、可靠性较低、价格和维护成本高	
异步电动机	鼠笼式	机械特性硬、起动转矩小、调速方法不同、性能相差较大、价格低和维护简便	调速性能要求不高的各种机床、水泵、通风机等
	绕线式	机械特性硬、起动转矩大、调速方法不同、性能相差较大、价格低和维护简便	要求有一定调速范围、调速性能较好的生产机械，如桥式起重机；起动、制动转矩要求高的生产机械，如起重机、矿井提升机、压缩机、不可逆轧钢机
	多速	提供 2～4 种转速	要求有级调速的机床、电梯、冷却塔等
	高起动转矩	起动电流小、起动转矩大	带冲击性负载的机械，如剪床、冲床、锻压机；静止负载或惯性负载较大的机械，如压缩机、粉碎机、小型起重机
	单相异步电动机	机械特性硬、功率小、功率因数和效率较低	
同步电动机	三相同步电动机	转速恒定、功率因数可调、只能采用变频调速	如大、中型鼓风机及排风机，泵，压缩机，连续式轧钢机、球磨机
	单相同步电动机	转速恒定、功率小	

由于直流电动机优越的调速性能，在过去相当长的时期内，调速系统的驱动电动机均选用直流电动机。目前随着交流变频调速技术的发展，交流电动机的调速性能已能与直流电动机相媲美，因此，除特殊负载需要外，一般不宜选用直流电动机。

需要强调的是，电动机类型除了满足负载对电动机各种性能指标的要求外，还应按节能的原则来选择，使电动机的综合运行效率符合国家标准的要求，例如，选用交流异步电动机时，应注意其从电网吸收无功功率使电网功率因数下降这一问题。对于大功率（50kW 以上）交流异步电动机在安全、经济合理的条件下，要求采取就地补偿无功功率，提高功率因数，降低线损，达到经济运行。对于功率达到或超过 250kW 的大功率连续运行恒定负载，宜选用同步电动机驱动。

10.1.2 电动机功率的选择

额定功率的选择是电动机选择最重要、最复杂的问题。因此，主要介绍电动机额定功率选择的理论依据、一般原则和方法。

电动机额定功率选择的基本原则是所选择的电动机额定功率必须满足生产机械在起动、转动、过载时对电动机的功率、转矩的要求，在不超过国家标准规定温升的情况下，电动机能得到充分利用。

如果功率选得过大，远大于负载功率，将会增加设备投资，降低设备利用率，而且电动机长期在轻载或欠载下运行，运行效率和功率因数偏低，造成资源浪费，增加了运行费用，不符合经济运行的要求；反之，电动机功率选择偏小，小于负载功率，电动机经常处在过载状态下运行，由于电动机过热而过早损坏，大大降低了其使用寿命，而且承受不了冲击负载，或者起动困难，这对电动机安全运行很不利。因此，应使所选电动机的功率等于或稍大于负载所需的功率。电动机额定功率的选择方法主要有计算法、统计法和类比法等三种。

(1)计算法。根据生产机械的工作过程绘制生产机械负载图，通过计算负载功率，初步预选一台电动机的额定功率，用预选电动机的技术数据和生产机械负载图，求取电动机负载图，最后对电动机的发热、过载能力和起动等进行校验，确定电动机的额定功率。计算法是一种对各种机械负载普遍适用的方法，但此方法不仅比较烦琐，而且在实用中往往会因为产生机械的负载图难以精确绘制，而是该方法无法实施(具体方法详见 10.4 节)。

(2)统计法。通过对各种生产机械的拖动电动机进行统计分析，找出电动机的额定功率与生产机械主要参数之间的关系，用经验公式计算出电动机的额定功率。例如，水泵电动机的选择，水泵属连续运行、恒定负载，所选电动机的额定功率等于或稍大于生产机械的功率。水泵所需要的功率 $P = \dfrac{QDH}{102\eta_1\eta_2}$。根据计算的 P，在产品目录中找一台合适的电动机，其额定功率应满足 $P_N \geqslant P$。

(3)类比法。通过对经过长期运行考验的同类机械所采用电动机的额定功率进行调查，并对生产机械的主要参数和工作条件进行类比，以此确定新的生产机械拖动电动机的额定功率。

10.1.3 电动机电压的选择

电动机的电压等级、相数、频率都要与供电电压一致。电动机的额定电压应根据其运行场所的供电电网电压等级来确定。我国生产的电动机额定电压与额定功率的等级如表 10-2 所示，可供选择额定电压时使用。

表 10-2 电动机额定电压与额定功率的等级

直流电动机		交流电动机			
额定功率/kW	电压/V	额定功率/kW			电压/V
		鼠笼式异步电动机	绕线式异步电动机	同步电动机	
0.25~110	110				
0.25~320	220	0.6~320	0.37~320	3~320	380
1.0~500	440	200~500	200~5000	250~10000	600
500~4600	600~870			10000~10900	1000

实际应用时要根据电动机的额定功率和供电电压情况选择电动机的额定电压。一般当电动机的功率在 200kW 以内时，选择 380V 的低压电动机；当电动机的功率在 200kW 及以上时，宜选用 6kV 或 10kV 的高压电动机。直流电动机的额定电压一般由单独的电源供电，选择额定电压时，通常只考虑与供电电源的配合。鼠笼式异步电动机在用 Y-△ 起动时，应选用额定电压为 380V、△ 接法的电动机。

10.1.4　电动机转速的选择

电动机的额定转速要根据生产机械的转速和传动方式合理选择。

因为电动机的额定功率正比于它的体积与额定转速的乘积。对于额定功率相同的电动机，额定转速越高，体积就越小，造价也越低，效率和交流电动机的功率因数都较高。因此，电动机的额定转速通常较高(不低于 500r/min)。而生产机械的转速一般都较低，故用电动机拖动时，需要用传动机构减速。电动机的额定转速越高，传动机构传动比越大，传动机构就越复杂，不但增加了成本和维护费用，而且还降低了工作效率。所以，要合理确定电动机的额定转速，应综合考虑生产机械和电动机两方面的各种因素来确定。

(1)对于像泵、鼓风机、压缩机一类不需要调速的中高机械，可直接按负载的转速确定电动机的额定转速，而节省减速传动机构。

(2)对于像球磨机、破碎机、某些化工机械等不需要调速的低速机械，可直接选用额定转速较低的电动机，或者电动机的额定转速稍高，再配合传动比较小的减速机构。

(3)对调速指标要求不高的各种生产机床，则可选择额定转速较高的电动机配以减速机构，或直接选用多速电动机；在可能的情况下，优先采用电气调速的电动机拖动系统。

(4)对调速指标要求较高的生产机械，应按生产机械的最高转速确定电动机的额定转速，并采取合适的调速方式，例如，直接采用电气调速。

(5)对经常起动、制动和反转的生产机械，选择额定转速时则主要考虑缩短起、制动时间来提高生产率。起、制动时间的长短主要取决于电动机飞轮矩和额定转速。

10.1.5　电动机形式的选择

电动机安装形式有卧式和立式。卧式安装时，电动机的转轴在水平位置，立式安装时，电动机的转轴垂直于地面。两种安装类型的电动机使用的轴承不同，立式价格稍高，一般情况下采用卧式安装。我国生产的卧式电动机的安装形式有 IMB3～IMB35 种，立式电动机的安装形式有 IMV1～IMV36 种。图 10-1 给出了电动机部分安装形式的示意图，其结构特点如下：

(1)IMB3 属卧式，机座有底脚，端盖上无凸缘，底脚在下，借底脚安装，如图 10-1(a)所示。

(2)IMB5 属卧式，机座无底脚，端盖上有凸缘，借传动端端盖凸缘安装，如图 10-1(b)所示。

(3)IMB35 属卧式，机座有底脚，端盖上有凸缘，底脚在下，借底脚安装，用传动端凸缘面作附加安装，如图 10-1(c)所示。

(4)IMV1 属立式，机座无底脚，传动端有凸缘，借传动端凸缘面安装，传动端向下，如图 10-1(d)所示。

(5) IMV2 属立式，机座无底脚，端盖上有凸缘，借非传动端端盖凸缘面安装，传动端向上，如图 10-1(e) 所示。

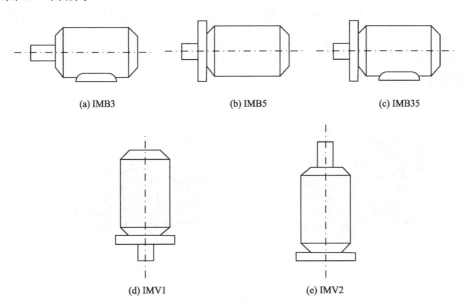

(a) IMB3　　　　　　　　(b) IMB5　　　　　　　　(c) IMB35

(d) IMV1　　　　　　　　　　　(e) IMV2

图 10-1　电动机安装形式

　　电动机的转轴伸出到端盖外面与负载连接的转轴部分称轴伸。每种安装形式的电动机又分为单轴伸与双轴伸两种。图 10-1 给出的电动机均为单轴伸形式的。

　　实际应用时要根据电动机在生产机械中的安装方式选择电动机的安装形式。大多数情况是选用卧式单轴伸的电动机。

　　由于生产机械工作的位置和场合不同，电动机的工作环境也不一样。有的场合空气中包含不同程度的灰尘和水分，有的含有腐蚀性气体甚至易燃易爆气体；有的电动机则要求在水中或其他液体中工作。灰尘使电动机绕组黏结污垢难以散热；水、腐蚀性气体使电动机绝缘材料丧失绝缘能力；易燃易爆气体与电动机电火花接触将发生爆炸危险。因此，电动机必须根据实际环境条件合理选择电动机的防护形式，才能保证其安全、长期地运行下去。电动机的外形防护形式有开启式、防护式、封闭式、密封式和防爆式 5 种。应根据电动机的使用环境选择电动机的外形防护形式。

　　(1) 开启式电动机的定子两侧和端盖上有很大的通风口，如图 10-2(a) 所示。此类电动机散热好、价格便宜，但灰尘、水滴和铁屑等异物容易进入电动机内，只能在清洁、干燥的环境中使用。

　　(2) 防护式电动机的机座和端盖下放有通风口，如图 10-2(b) 所示。此类电动机散热好，能防止水滴、沙粒和铁屑等异物从斜上方落入电动机内，但不能防止潮气和粉尘进入。因此适用于比较干燥、没有腐蚀性和爆炸性气体的环境。

　　(3) 封闭式电动机的机座和端盖上均无通风孔，完全是封闭的，如图 10-2(c) 所示。此类电动机能够防潮和防尘，但仅靠机座表面散热，散热条件不好。适用于多粉尘、潮湿(易受风雨)、有腐蚀性气体、易引起火灾等恶劣的环境中。

　　(4) 密封式电动机的封闭程度高于封闭式电动机，外部的潮气及粉尘不能进入电动机内。

此类电动机适用于浸在液体中工作的生产机械。如图 10-2(d)所示，是一种密封式的潜水泵电动机。

　　(5)防爆式电动机不仅有严密的闭式结构，而且机壳有足够的机械强度和隔爆能力，如图 10-2(e)所示。当有少量爆炸性气体进入电动机内部而发生爆炸时，电动机的机壳能够承受爆炸时的压力，火花不会窜到外部引起再爆炸。防爆式电动机适用于矿井、油库、煤气站等有易燃易爆气体的场所。

(a) 开启式　　　　　　　　　　　　　　(b) 防护式

(c) 封闭式　　　　　　(d) 密封式　　　　　　(e) 防爆式

图 10-2　电动机的外形防护形式

10.1.6　电动机工作制和型号的选择

　　国产电动机按照发热与冷却情况的不同，主要分为连续工作制、短时工作制和断续工作制。

　　电动机生产厂商为了满足各种生产机械、各种工况和工作使用环境的不同需求，生产了许多结构形式、性能水平和应用范围各异、功率按一定比例递增的系列产品，并冠以规定的产品型号。电动机型号的第一部分是用字母表示的类型代号。部分国产电动机的类型代号和特殊环境代号见表 10-3 和表 10-4 。实际应用时，要根据 10.1.1～10.1.6 节各项以及电动机的应用场合来选择电动机的型号。

表 10-3　部分国产电动机的类型代号

产品代号	特殊代号意义	产品名称	产品代号	特殊代号意义	产品名称
Y	—	鼠笼式异步电动机	YRL	立式、绕线	立式绕线式异步电动机
YR	绕	绕线式异步电动机	YJ	精密	精密机床用异步电动机
YQ	起动	高起动转矩异步电动机	YZR	起重	起重冶金用异步电动机
YH	转差率	高转差率异步电动机	YM	木工	木工用异步电动机
YB	防爆	防爆式异步电动机	YQS	潜水	井用潜水异步电动机
YBR	防爆、绕线	防爆式绕线式异步电动机	YDY	单相电容	单相电容起动异步电动机
YD	多速	多速异步电动机	T	同步	同步电动机
YF	防腐	化工防腐异步电动机	Z	直流	直流电动机
YL	立式	立式鼠笼式异步电动机			

表 10-4　部分国产电动机的特殊环境代号

特殊环境	代号	特殊环境	代号
高原用	G	热带用	T
海船用	H	湿热带用	TH
户外用	W	干热带用	TA
化工防腐用	F		

10.2　电动机的发热和冷却

电动机在能量转换中，内部各处均要产生功率损耗，这些损耗包括铜损耗(电动机绕组电阻损耗)、铁心损耗(电动机铁心中的磁滞和涡流损耗)及机械损耗。功率损耗的存在不仅降低了电动机的效率，影响了电动机的经济运行，而且各种能耗最终转换为热能，使电动机内部的温度升高。当电动机温度高于环境温度时，热能要通过散热部件(如机壳、端盖和机座)、冷却介质(如水、空气)向周围环境散热。由于电动机各部件的结构、材料不同，其热容量、传热方式和路径也不一样，这都会影响电动机绝缘材料的使用寿命(耐热能力最差的是绕组的绝缘材料)，严重时甚至会烧毁电动机。因此，有必要了解电动机的发热过程、冷却方式及其各种影响因素。

10.2.1　电动机的发热过程与温升

电动机中热源主要是绕组和铁心中的损耗，即铜损耗使绕组发热，铁心损耗使铁心发热。发热引起电动机的温度升高。电动机的温度比环境温度高出的值称为温升，以 θ 表示。国家标准规定，电机运行地点的环境温度不应超过 40℃，设计电机时也规定 40℃ 为我国标准环境温度。这样，电机的最高允许温升就等于绝缘材料的最高允许温度与 40℃ 的差值。电动机绝缘材料的最高允许温度和温升见表 10-5。绝缘材料在允许限度内运行，绝缘材料的物理、化学、机械、电气等各方面的性能比较稳定，工作运行寿命一般为 20 年。

表 10-5　电动机绝缘材料的最高允许温度和温升

绝缘等级	A	E	B	F	H
最高允许温度/℃	105	120	130	155	180
最高允许温升/℃	65	80	90	115	140

一旦有了温升，电动机就要向周围散热。温升越高，散热就越快。因此，绝缘材料的允许温度，就是电动机的允许温度，绝缘材料的寿命就是电动机的使用寿命。当电动机在单位时间内产生的热量等于散发的热量时，电动机的温度不再升高，保持为稳定的温升，即电动机处于发热与散热的动态平衡状态(或称热平衡状态)。这就是温度升高的发热过渡过程。

电动机的温升不仅取决于损耗的大小，而且与电动机的运行情况和持续工作时间等因素有关。为了研究电动机发热的过渡过程，先做以下假设：

(1)电动机驱动恒定负载长期运行，负载不变，总损耗不变。

(2)电动机本体各部分的温度均匀，是一个均匀发热体，其比热、散热系数为常数。

(3)周围环境温度不变。

电动机产生的热量，一部分通过电动机表面散发出去，另一部分被电动机本身吸收，使自身温度升高。设电动机单位时间产生的热量为 Q，则 $\mathrm{d}t$ 时间内产生的热量为 $Q\mathrm{d}t$；若散热系数为 A(表示温升为 1℃时，每秒钟的散热量)，温升为 θ，则电动机单位时间内散发的热量为 $A\theta$；若电动机的热容量为 C(温度升高 1℃所需的热量)，$\mathrm{d}t$ 时间内的温升为 $\mathrm{d}\theta$，则 $\mathrm{d}t$ 时间内电动机自身吸收的热容量为 $C\mathrm{d}\theta$。

因此，电动机产生的热量、电动机本身吸收的热量和散发的热量满足能量守恒原理，热量平衡式为

$$Q\mathrm{d}t = C\mathrm{d}\theta + A\mathrm{d}t \tag{10-1}$$

将式(10-1)进一步改写为

$$\frac{C}{A}\frac{\mathrm{d}\theta}{\mathrm{d}t} + \theta = \frac{Q}{A}$$

或

$$\tau\frac{\mathrm{d}\theta}{\mathrm{d}t} + \theta = \theta_\infty \tag{10-2}$$

式中，τ 为发热时间常数，是描述电动机温升增长速度的一个物理量，表征电动机的热惯性大小，$\tau = \dfrac{C}{A}$；θ_∞ 为发热过程温升的稳态值(稳态温升)。

τ 的大小与电动机构造尺寸以及散热条件有关，由于热容量 C 与电动机体积成正比，散热系数 A 与电动机的外表面积成正比，所以电动机体积越大，发热时间常数 τ 越大。

式(10-2)是一个一阶线性常系数非齐次微分方程。设初始条件为 $t=0$，$\theta = \theta_0$(温升的初始值)，则其解为

$$\theta = \theta_\infty + (\theta_0 - \theta_\infty)\mathrm{e}^{-\frac{t}{\tau}} \tag{10-3}$$

式(10-3)表明了电动机发热过程的温升随时间的变化规律，相应的变化曲线如图 10-3 所示。在开始发热($t=0$)时，由于温升较小，散发到周围空气中的热量较小，大部分热量被电动

机吸收，温升的上升速度最快；随着时间的推移，散发出去的热量也随着温度的升高不断加大，但电动机发出的热量则由于负载不变而维持不变，电动机发出的热量不断减少，温升的上升速度逐渐降低，其曲线趋于平缓。图 10-3 中曲线 1 表示初始温升 $\theta_0 = 0$ 的发热过程，曲线 2 表示初始温升 $\theta_0 \neq 0$ 的发热过程。经过 $(3\sim5)\tau$，温升的自由分量 $(\theta_0 - \theta_\infty)\mathrm{e}^{-\frac{t}{\tau}}$ 基本衰减为零，温升曲线均按指数规律变化，最终都达到稳态值 θ_∞。温升自由分量的衰减时间取决于发热时间常数 τ。热容量越大，发

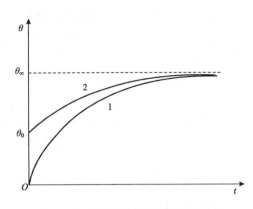

图 10-3　电动机发热过程的温升曲线

热时间常数越大，而热惯性越大；散热越快，达到平衡所需的时间越短，意味着发热时间常数越小。与反映机械惯性和电磁惯性的时间常数相比，发热时间常数 τ 是很大的，电动机的 τ 值约为十几分钟到几小时不等。电动机在运行中，只要电流不超过额定值，或者损耗不超过额定损耗，温升一般不会超过允许值。

10.2.2　电动机的冷却过程与冷却方式

1. 电动机的冷却过程

在电动机的温升达到稳态值后，如果切断电源停止运行，或者负载减少时，电动机损耗降低，内部产生的热量将减少，电动机的冷却过程开始。假设电动机不再工作，停止产生热量，即式(10-1)中的发热量 $Q=0$，即电动机冷却过程的方程为

$$\tau\frac{\mathrm{d}\theta}{\mathrm{d}t} + \theta = 0 \tag{10-4}$$

式中，τ 为冷却时间常数(冷却条件不变时等于发热时间常数)，$\tau = \dfrac{C}{A}$。

设初始条件为 $t=0$，$\theta = \theta_0$(温升的初始值)，求解上述一阶线性常系数齐次微分方程，可得

$$\theta = \theta_0 \mathrm{e}^{-\frac{t}{\tau}} \tag{10-5}$$

式(10-5)表明在电动机冷却过程中，发热减少，存储在电动机内部的热量逐渐散发出去，温升变化曲线按指数规律衰减的曲线下降，如图 10-4 中曲线 1 所示。停机冷却的过渡过程结束时，电动机的稳定温升为零，即 $\theta_\infty = 0$。

另一种情况，当电动机在稳态运行过程中负载减轻时，其发热量也会减少，由此将导致电动机温升的降低。这种情况下仍遵循热平衡方程(10-1)，由式(10-3)求解，温升的变化规律如图 10-4 中曲线 2 所示，稳态温升 $\theta_\infty \neq 0$。显

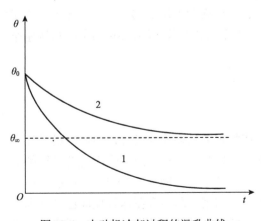

图 10-4　电动机冷却过程的温升曲线

然电动机温升的升高和降低规律相同，差别是这两种过渡过程的初始值和稳态值的相对大小不同，升温时稳态温升高于初始温升，降温时稳态温升低于初始温升。电动机温升曲线也依赖于初始温升、稳态温升和时间常数三个要素。

　　2. 电动机的冷却方式

　　电动机的冷却就是采取措施使得电流产生的热量尽可能地散发出去，以达到充分利用材料、增加相同体积电动机的额定功率的目的。因此，电动机既要采取措施降低损耗，提高额定效率，还需要采用等级高的绝缘材料提高允许温升，更要增加空气流通速度与散热表面积来提高散热系数。例如，开启式电动机散热条件比封闭式的好，散热系数大，同样尺寸的开启式电动机的设计额定功率比封闭式的大。

　　在电动机设计中，选择何种冷却方式是非常重要的。电动机常用的冷却方式有自冷式、自扇冷式和他扇冷式三种。自冷式的电动机仅依靠电动机表面的辐射和冷却介质的自然对流把内部产生的热量带走，不装设任何专门的冷却装置，散热能力较弱。一般几百瓦的小型电动机采用这种冷却方式。自扇冷式的电动机在转子上装有风扇，转子转动时，利用风扇强迫空气流动，有效地带走电动机内部产生的热量，使电动机的散热能力大大提高。但在电动机低速运行时，这种散热方式的散热条件会恶化。他扇冷式的电动机也用风扇进行冷却，冷却风扇是由另外的动力装置独立驱动，而不是由电动机自身驱动。

10.3　电动机工作制的分类

　　在电动机运行时，温升高低不仅与负载的大小有关，而且还与负载的持续时间相关。同一台电动机，如果工作时间长短不同，其温升就不同，那么它能承担的负载功率也不同。电动机运行时间短，温升低；相反，温升高。而电动机工作时间的长短，取决于机械负载的工作方式。机械负载有长时连续工作方式、短时工作方式和各种周期工作方式，为此，电动生产厂商根据电动机带负载的情况制造了各种工作制的电动机，以满足机械负载的不同需求。

　　电动机的工作制可大致分为连续工作制、短时工作制和断续周期工作制三种，分别标记为S1、S2和S3。国家标准《旋转电机基本技术要求》(GB 755—2000)把电动机的工作制分为S1～S10 十种工作制。其中可将断续周期工作制分为断续周期工作制(S3)，包括起动的断续周期工作制(S4)和电制动的断续周期工作制(S5)；连续周期工作制(S6)，包括电制动的连续周期工作制(S7)和负载-转速相应变化的连续周期工作制(S8)等六种；S9 为负载和转速作非周期变化工作制，S10 为离散恒定负载工作制。

　　这里主要介绍 S1～S3 三种工作制。

10.3.1　连续工作制电动机的选择

　　连续工作制也称为长期工作制，是指电动机按铭牌定额长期连续运行，而电动机温升不会超过绝缘材料的允许值。即电动机带额定负载长期运行时，电动机的温升不会超过铭牌上标明的温升最大允许值。这类电动机的运行时间很长，其工作时间 $t_{\mathrm{r}} > (3 \sim 5)\tau$，可达几小时甚至几昼夜。电动机发热的过渡过程在工作时间内能够结束，即温升在运行期间已经达到稳态值。对于铭牌上没有标注工作制的电动机都属于连续工作制的电动机。例如，通风机、水泵、造纸机、纺织机、机床主轴驱动等生产机械属于连续工作方式，应该选用连续工作制的电动机驱动。适用于连续工作制的电动机有 Y、Y_2 系列三相鼠笼式异步电动机。

在连续工作方式下，当电动机输出一定的功率时，其温升将达到一个与负载大小相对应的稳态值，如图 10-5 所示。

10.3.2　短时工作制电动机的选择

短时工作制是指电动机拖动恒定负载运行时间 t_r 较短，即运行时间小于其发热的过渡过程时间，使运行期内温升所到达的最大值 θ_{max} 小于稳态值 θ_∞；而停机时间 t_0 又相对较长，在停机时间内，电动机的温升会下降到零，即温度降到周围环境的温度。短时工作制电动机的负载和温升曲线如图 10-6 所示。例如，机床辅助运动机构、YZ、YZR 系列冶金辅助机械、YDF 系列电动阀门、水闸闸门启闭机等生产机械均属于短时工作方式，应该用短时工作制的电动机驱动。

电动机工作时，负载持续时间的长短对其发热和温升影响很大。由图 10-6 可见，如果把结束时的温升 θ_{max} 设计为绝缘材料允许的最高温升，则该电动机带同样负载 P_L 连续运行时，其稳态温升将超过绝缘材料的允许温升 θ_∞，烧坏绝缘材料，缩短使用寿命。国家规定电动机的标准短时工作制时间有 10min、30min、60min、90min 四种。例如，S_2-30 min 表示短时工作时限为 30min。

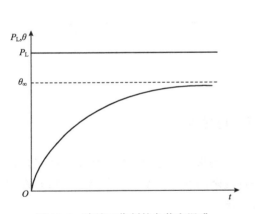

图 10-5　连续工作制的负载和温升

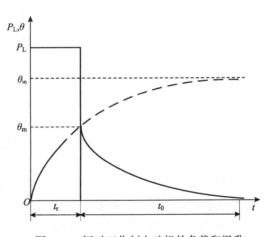

图 10-6　短时工作制电动机的负载和温升

10.3.3　断续周期工作制电动机的选择

断续周期工作制又称为周期性断续工作制，是指电动机按一系列相同的工作周期运行，带恒定负载运行时间 t_r 和断电停机时间 t_0 轮流交替，由于两段时间都比较短，在运行期间电动机的温升升高均达不到稳态值；而在停机期间电动机的温升下降，也降不到环境温度。每经过一次运行与停机过程即一周 (t_r+t_0)，一般小于10min。在最初运行的几个周期内，电动机的温升都经历一次升降，但电动机温升总体有所提高。经历若干个周期后，当每个周期内电动机的发热量等于散热量时，温升将在某一小范围内上下波动。断续周期工作制电动机的负载和温升曲线如图 10-7 所示。断续周期工作制的电动机具有起动能力强、过载倍数大、转动惯量较小、机械强度高等特点。例如，起重机、电梯、轧钢辅助机械(如辊道、压下装置)和某些自动机床的工作机构等生产机械属于断续周期工作方式，应该选用断续周期工作制的电动机驱动。国家标准规定的标准负载持续率有 15%、25%、40%、60% 四种。

在断续周期工作制中，每个工作周期内负载工作时间与整个周期之比称为负载持续率，用 FS 表示，即

$$FS = \frac{t_r}{t_r + t_0} \times 100\% \tag{10-6}$$

许多生产机械的断续周期工作周期并不严格，负载持续率是一个统计值。图 10-7 中温升曲线的虚线表示电动机带同样大小负载 P_L 连续工作时的温升。可见，断续周期工作的电动机若连续运行，其温升也会超过正常设计值 θ_{max}，造成电动机过热。

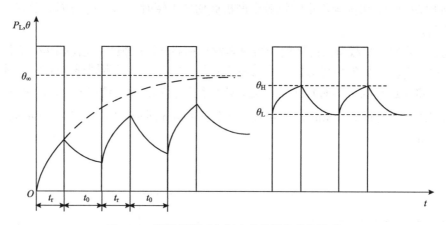

图 10-7　断续周期工作制电动机的负载和温升

10.4　电动机功率的选择

电动机额定功率的选择不仅要根据负载特性和运行要求合理选配，而且还要进行温升、过载能力甚至起动能力的校验，它是一个比较重要且复杂的问题。本节在介绍电动机允许输出功率的概念基础上，确定电动机额定功率的计算方法。

10.4.1　电动机的允许输出功率

电动机的额定功率是指在规定的工作制、规定的环境温度以及规定的海拔情况下，温升达到额定温升的额定工作状态时所需的功率。但是，当电动机的使用条件变化时，电动机所允许输出的功率将不再是额定功率。电动机所允许输出的功率将受到工作制、环境温度和海拔等多个因素的影响。

1. 工作制的影响

各种工作制电动机的额定功率都是指额定状态下运行时，其稳态温升等于额定温升时的允许输出功率。如果按短时工作制或断续周期工作制设计的电动机连续运行，在保持输出功率为原设计的额定功率时，电动机的最高温升将超过其额定温升。若不减少其输出功率，电动机将会过热而降低绝缘材料的使用寿命，甚至烧毁绝缘材料；反之，按连续工作制设计的

电动机若用作短时运行或连续周期运行，则其允许输出的功率将大于原设计的额定功率。所以改变电动机的工作方式，达到额定温升时的输出功率将不再是原设计的额定功率。

2. 环境温度的影响

电动机的额定功率选择是在国家标准环境温度前提下进行的。国家标准规定，海拔在 1000m 以下时，额定环境温升为 40℃。温升等于其允许的最高温度减去额定环境温度。电动机的最高温度主要取决于所使用的绝缘材料。额定功率、额定电压和额定转速相同的电动机使用的绝缘材料等级越高，允许的最高温度越高，即额定温升越高。因此，为了充分利用电动机的容量，应对常年环境温度偏高或偏低的电动机进行额定功率修正。当电动机的环境温度高于 40℃时，电动机允许输出的功率将小于其额定功率；否则将大于其额定功率。

电动机允许输出的功率 P_2 可按下式进行修正：

$$P_2 = P_N \sqrt{1+(1+\alpha)\frac{40-\theta}{\theta_N}} \tag{10-7}$$

式中，θ_N 为环境温度为 40℃时的额定温升，即 $\theta_N = \theta_{max} - 40$；$\theta$ 为电动机的实际环境温度；α 为电动机满载时的铁心损耗与铜损耗之比，$\alpha = \dfrac{p_{Fe}}{p_{Cu}}$。

【例 10-1】 一台 130kW 连续工作制的三相异步电动机，如果长期在 70℃环境温度下运行，已知电动机的绝缘材料等级为 B 级，额定负载时铁心损耗与铜损耗之比为 0.9。试求该电动机在高温环境下的实际允许输出功率。

解 B 级绝缘材料的最高温度为 130℃，则额定温升为 90℃，故电动机的实际允许输出功率为

$$P_2 = P_N \sqrt{1+(1+\alpha)\frac{40-\theta}{\theta_N}} = 130 \times \sqrt{1+(1+0.9)\frac{40-70}{90}} = 78.72(kW)$$

在实践中，还可粗略地按表 10-6 对电动机允许输出的功率 P_2 进行修正。

表 10-6 不同环境温度下电动机允许输出的功率的修正系数

环境温度/℃	30	35	40	45	50	55
修正系数	+8%	+5%	0	−5%	−12.5%	−25%

3. 海拔的影响

工作环境对电动机允许输出的功率也有影响。海拔越高，气温降低越多，但由于空气越稀薄，散热条件越困难。因此规定，电动机使用地点海拔不超过 1000m 时，额定功率不必修正。如果电动机使用在海拔超过 1000m 的地区时，其允许输出的功率应该小于原设计的额定功率。

10.4.2 连续工作制电动机额定功率的选择

拖动连续工作方式的机械负载时，电动机应该选择连续工作制的电动机。电动机额定功率的确定与所拖动的负载情况有关。机械负载按负载大小是否变化主要有恒定负载与变化负载之分。恒定负载是指电动机在运行中，所拖动的负载大小基本保持不变；变化负载是指电

动机所拖动的负载大小在改变，多数是按周期变化的，或者统计起来有周期性。因此这两种情况下电动机额定功率的选择方法是不同的。

1. 恒定负载电动机额定功率的选择

确定负载的功率是选择电动机额定功率的依据。恒定负载电动机额定功率的选择首先需要计算负载功率 P_L。由于生产机械的工作机构形式多样，负载功率的计算方法各有不同，所以需要具体问题具体分析。然后根据负载功率预选电动机的额定功率 P_N。满足负载要求的前提下，电动机的功率越小越经济。一般取 $P_N \geqslant P_L$，且保证电动机的稳定温升不超过电动机允许温升。最后校验所选的电动机。电动机的校验包括发热校验、过载能力校验和起动能力校验。

(1) 发热校验。通常用于连续工作制的电动机都是按恒定负载设计的，因此，只要电动机的负载功率 P_L 不超过其额定功率 P_N，其温升就不会超过额定值，故不需要进行发热校验。虽然电动机的起动电流较大，但由于起动时间短，对温升影响不大，也可以不予考虑。

(2) 过载能力校验。过载能力指电动机负载运行时，可以在短时内出现的电流或转矩过载的允许倍数，不同类型电动机的过载倍数是不同的。电动机的过载能力一般用过载能力倍数 k_m 来表示。对于直流电动机而言，限制其过载能力的是换向问题，因此其过载倍数就是允许最大电枢电流 I_{max} 与额定电枢电流 I_N 之比，一般 $k_{mi} = 1.5 \sim 2$；起重及冶金机械用直流电动机在 2.7 以上。对于异步电动机而言，过载倍数就是最大电磁转矩 T_{max} 与额定电磁转矩 T_N 之比，$k_m = 1.6 \sim 2.5$。起重、冶金机械用的异步电动机 $k_m = 2.7 \sim 3.7$；同步电动机 $k_m = 2$。但是，对交流电动机进行过载能力校验时，还需考虑到交流电网电压可能向下波动 $10\% \sim 15\%$ 所引起的最大电磁转矩的下降问题。因此，通常按 $T_{max} = 0.81 k_m T_N > T_L$ 来校验。

(3) 起动能力校验。如果选用鼠笼式三相异步电动机，还需校验其起动能力。也就是要求所选电动机的起动转矩 $T_{st} = k_{st} T_N$ 必须大于起动时的负载转矩，同时还要考虑起动电流 $I_{st} = k_{sti} I_N$ 是否超过规定值。如果不满足，则重新选择电动机。鼠笼式三相异步电动机的 $k_{st} = 1.2 \sim 2.3$，起重及冶金机械用的三相异步电动机 $k_{st} = 1.2 \sim 3$。

如果发热校验、过载能力校验和起动能力校验有其一不合格，必须重新选择电动机并重新校验；如果都通过了，电动机功率就确定了。当然对于恒定负载而言，过载能力不用校验。

【例 10-2】　一台电动机直接拖动的离心水泵，流量 $Q = 0.144 \text{m}^2/\text{s}$，扬程 $H = 37.7 \text{m}$，转速为 1460r/min，泵的效率 $\eta_b = 79.8\%$，试选择电动机的额定功率。

解　(1) 泵类机械作用在电动机轴上的等效负载为

$$P_L = \frac{QH\rho g}{\eta_b \eta_c} \times 10^{-3}$$

式中，ρ 为水的密度，$\rho = 1000 \text{kg/m}^3$；$\eta_c$ 为传动机构的效率，直接拖动的传动效率可取 $\eta_c = 1$。

代入已知数据求得电动机轴上的负载功率为

$$P_L = \frac{QH\rho g}{\eta_b \eta_c} \times 10^{-3} = \frac{0.144 \times 37.7 \times 1000 \times 9.81}{0.798 \times 1} \times 10^{-3} = 66.74 (\text{kW})$$

(2) 选择 $P_N \geqslant 66.74 \text{kW}$ 的电动机即可。例如，选取 $P_N = 75 \text{W}$，$n_N = 1480 \text{r/min}$ 的 Y280S-4 型三相异步电动机。

(3) 水泵属于通风机负载特性类的生产机械，故电动机的起动能力和过载能力都没有问题，不必校验。

2. 变化负载电动机额定功率的选择

电动机运行过程中负载不断发生变化，机械负载的变化大都具有一定的周期性，或者通过统计分析的方法将其大体看成是周期性变化的。这样经过一段时间后，在一个周期内电动机的稳定发热不会随负载变化有太多的波动。这种情况下预选的电动机额定功率及校验和恒定负载时的有所不同。变化负载下的电动机选择额定功率的步骤是：先根据各时间段的负载功率，绘制生产机械的负载曲线如图 10-8 所示，计算出各时间段的负载功率和计算平均负载功率。

在图 10-8 中，在负载变化一个重复周期内，有若干个时间段 $t_1,t_2,t_3,\cdots,t_n$，时间段总和为 t_z，每段时间所对应的负载功率为 $P_{L1},P_{L2},P_{L3},\cdots,P_{Ln}$，则平均负载功率为

$$P_L = \frac{P_{L1}t_1 + P_{L2}t_2 + P_{L3}t_3 + \cdots + P_{Ln}t_n}{t_1 + t_2 + t_3 + \cdots + t_n} = \frac{\sum P_{Li}t_i}{t_z} \tag{10-8}$$

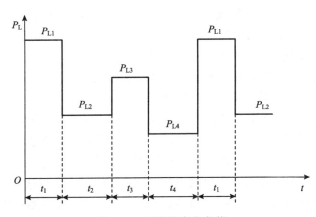

图 10-8　周期性变化负载

然后预选电动机的额定功率，由于负载变化将引起电动机的过渡过程。按式(10-8)计算出的平均负载功率只能间接反映电动机稳态运行的发热情况，不能反映过渡过程中能量损耗所引起的发热。因此，电动机的额定功率应该大于平均负载功率，一般按下式预选电动机的额定功率：

$$P_N = (1.1 \sim 1.6)P_L \tag{10-9}$$

如果一个工作周期中，负载变化次数较多，所引起的过渡过程次数也较多，则过渡过程对电动机的发热影响较大，此时式(10-9)中的系数应取较大数值。电动机额定功率预选后，与恒定负载电动机额定功率的选择一样，再进行发热、过载能力和起动能力校验。

1)发热校验

电动机的额定功率预选后，首先要进行发热校验，校验电动机的温升是否超过额定温升。由于发热是损耗引起的，如果能求出实际运行时每个周期的平均损耗功率，再与电动机的额定损耗功率比较，就可得知电动机的温升是否超过额定温升。

假设已知所选电动机的效率 $\eta = f(P_2)$ 曲线，则可根据预选电动机的功率负载图 (图 10-8)，求得电动机的额定损耗功率 Δp_N 以及一个周期中各时间段的损耗 Δp_{Li}，即

$$\Delta p_{\mathrm{N}} = \frac{P_{\mathrm{N}}}{\eta_{\mathrm{N}}} - P_{\mathrm{N}} \tag{10-10}$$

$$\Delta p_{\mathrm{L}i} = \frac{P_{\mathrm{L}i}}{\eta_{\mathrm{L}i}} - P_{\mathrm{L}i} \tag{10-11}$$

式中，$P_{\mathrm{L}i}$ 为第 i 段电动机的输出功率；η_i 为输出功率为 $P_{\mathrm{L}i}$ 时电动机的效率。

电动机的平均损耗功率为

$$\Delta p_{\mathrm{L}} = \frac{\Delta p_{\mathrm{L}1}t_1 + \Delta p_{\mathrm{L}2}t_2 + \Delta p_{\mathrm{L}3}t_3 + \cdots + \Delta p_{\mathrm{L}n}t_n}{t_1 + t_2 + t_3 + \cdots + t_n} = \frac{\sum \Delta p_{\mathrm{L}i}t_i}{t_z} \tag{10-12}$$

如果计算结果出现了的平均损耗功率 Δp_{L} 小于等于额定损耗功率 Δp_{N}，就通过了发热校验。相反，如果 Δp_{L} 大于 Δp_{N}，说明预选电动机的额定功率太小，发热校验不合格，需要重选额定功率较大的电动机，再进行发热校验。如果 Δp_{L} 远小于 Δp_{N}，说明预选电动机的额定功率太大，需要改选额定功率较小的电动机，并重新进行发热校验。

这种发热校验方法称为平均损耗法，这种方法对各种电动机的发热校验基本都适用。特别是在每个时间段较短，时间段总和较长时，其结果相当准确。其缺点是计算步骤较为烦琐，在缺少电动机效率曲线数据时，该方法无法应用。

在一些特殊情况下，还可以根据额定电流 I_{N}、额定转矩 T_{N} 或者额定功率 P_{N}，使用等效电流法、等效转矩法或者等效功率法进行发热校验。

等效电流法是指用一个恒定的电流代替在变化负载下的变化电流，使两者在发热程度上等效。当预选的电动机在变化负载下的等效电流小于等于其额定电流时，就认为预选电动机的额定功率是合适的，否则需要重新选择。比较等效电流与额定电流的大小就相当于比较平均损耗和额定损耗的大小。由于变化负载下的电动机在任何一段的总损耗都可以分解为铁心损耗和铜损耗，一般近似认为铁心损耗与负载大小无关，为一个常数；铜损耗则与该时间段内的电流成正比。因此可以说，等效电流法是由平均损耗法推导出来的。需要注意的是在实际应用等效电流法时，要事先画出电动机的电流负载图。电流负载图从功率负载图换算得到，但还需要电动机的效率曲线，否则此方法仍然不适用。

等效转矩法是用一个恒定转矩代替在变化负载下的变化转矩，让两者在发热程度上是等效的。由于电动机电流与转矩成正比，可直接由等效电流得出等效转矩。也就是说，根据生产机械转矩负载图画出预选电动机的转矩负载图，就能计算出等效转矩。当预选的电动机在变化负载下的等效转矩小于等于其额定转矩时，就认为预选电动机的额定功率是合适的，否则需要重新选择。等效转矩法适用于恒励磁的他励直流电动机，或负载接近额定值、功率因数变化不大的异步电动机。所以，等效转矩法的条件是电动机转矩必须与电流成正比。

等效功率法是用一个恒定功率代替在变化负载下的变化功率，让两者在发热程度上是等效的。当电动机的转速等于常数时，其功率正比于转矩。只要根据生产机械的功率负载图画出预选电动机的功率负载图，就能计算出等效功率。当预选的电动机在变化负载下的等效功率小于等于其额定功率时，就认为预选电动机的额定功率是合适的，否则需要重新选择。应用等效功率法时，应注意电动机的转速是恒定的。否则，将会产生很大的误差。

2) 过载能力和起动能力校验

由于负载是变化的，必须进行过载能力校验。选用直流电动机时需要保证最大负载时的电枢电流小于电动机最大允许的电枢电流。选用交流电动机时需保证最大电磁转矩大于最大负载转矩，即 $T_{max}>T_{Lmax}$。如果校验不通过，应重新选择电动机，重新进行校验，直到通过为止。如果选用的是三相鼠笼式异步电动机，还需要进行起动能力校验。

【例 10-3】　某生产机械的负载曲线如图 10-8 所示，已知 $P_{L1}=7.2$kW，$t_1=1.5$min，$P_{L2}=5.5$kW，$t_2=2$min，$P_{L3}=14.5$kW，$t_3=1.1$min，$P_{L4}=4.8$kW，$t_4=1.8$min。转速为 1440r/min，起动转矩为 100N·m。试用 Y123M-4 异步电动机拖动，有已知电动机额定值为 $P_N=7.5$kW，$n_N=1440$r/min，$\cos\varphi=0.85$，$k_{st}=2.2$，$k_m=2.2$，$k_{sti}=7$，电动机效率见表 10-7。试校验是否能使用该电动机。

表 10-7　Y123M-4 异步电动机的效率

输出功率 P_2/kW	3.7	4.0	4.3	4.9	5.5	6.2	6.7	7.2	7.5	8.2	10	15
效率 η	0.852	0.855	0.857	0.861	0.863	0.862	0.859	0.856	0.855	0.850	0.843	0.837

解　(1)平均负载功率

$$P_L=\frac{P_{L1}t_1+P_{L2}t_2+P_{L3}t_3+P_{L4}t_4}{t_1+t_2+t_3+t_4}=\frac{7.2\times1.5+5.5\times2+14.5\times1.1+4.8\times1.8}{1.5+2+1.1+1.8}=7.248(kW)$$

可见，$P_N>P_L$，即现有电动机的功率合格。

(2)发热校验。

电动机的额定损耗

$$\Delta p_N=\frac{P_N}{\eta_N}-P_N=\frac{7.5}{0.855}-7.5=1.272(kW)$$

由表 10-7 可见，效率在较大范围内变化不大，故当实际负载功率与表中功率不等时，取得相近的功率所对应的效率来计算，故电动机在各时间段的功率损耗

$$\Delta p_{L1}=\frac{P_{L1}}{\eta_{L1}}-P_{L1}=\frac{7.2}{0.856}-7.2=1.211(kW)$$

$$\Delta p_{L2}=\frac{P_{L2}}{\eta_{L2}}-P_{L2}=\frac{5.5}{0.863}-5.5=0.873(kW)$$

$$\Delta p_{L3}=\frac{P_{L3}}{\eta_{L3}}-P_{L3}=\frac{14.5}{0.837}-14.5=2.824(kW)$$

$$\Delta p_{L4}=\frac{P_{L4}}{\eta_{L4}}-P_{L4}=\frac{4.8}{0.861}-4.8=0.775(kW)$$

电动机的平均损耗功率

$$\Delta p_L=\frac{\Delta p_{L1}t_1+\Delta p_{L2}t_2+\Delta p_{L3}t_3+\Delta p_{L4}t_4}{t_1+t_2+t_3+t_4}=\frac{1.211\times1.5+0.873\times2+2.824\times1.1+0.775\times1.8}{1.5+2+1.1+1.8}=1.26(kW)$$

由于 $\Delta p_L<\Delta p_N$，故发热校验通过。

(3)过载能力和起动能力校验。

因为电动机为硬特性，各种功率时的转速变化较小，因此，可直接用功率校验过载能力，即电动机的最大输出功率

$$P_{2\max} = k_{\mathrm{m}}P_{\mathrm{N}} = 2.2 \times 7.5 = 16.5(\mathrm{kW})$$

由于 $P_{2\max} > P_{\mathrm{Lmax}}$，故过载能力校验通过。

电动机的额定输出转矩

$$T_{\mathrm{N}} = 9550\frac{P_{\mathrm{N}}}{n_{\mathrm{N}}} = 9550 \times \frac{7.5}{1440} = 49.74(\mathrm{N \cdot m})$$

起动转矩

$$T_{\mathrm{st}} = k_{\mathrm{st}}T_{\mathrm{N}} = 2.2 \times 49.74 = 109.43(\mathrm{N \cdot m})$$

由于 $T_{\mathrm{st}} > T_{\mathrm{Lst}} = 100\mathrm{N \cdot m}$，故起动能力校验通过。

为此现有的电动机能够用于拖动该生产机械。

3. 起动、制动及停机过程的平均损耗功率的修正

如果一个工作周期内的负载变化包括起动、制动和停机过程，只要停机时间较短，负载持续率超过 70%，则电动机仍属于连续运行工作方式。在采用自扇式冷却电动机时，应该考虑到低速运行或停机条件下的散热条件变差问题，最终造成实际温升变高。工程上，采用对平均损耗功率公式 (10-12) 进行修正的方法来反映这种散热条件变差所造成的影响。

假设一个工作周期包括 n 个时间段，其中 t_1 是起动时间，t_{n-1} 是制动时间，t_n 是停机时间。给 t_1、t_{n-1} 和 t_n 分别乘以小于 1 的系数 β 和 γ，平均损耗功率修正公式为

$$\Delta p_{\mathrm{L}} = \frac{\Delta p_{\mathrm{L1}}t_1 + \Delta p_{\mathrm{L2}}t_2 + \cdots + \Delta p_{\mathrm{L}(n-1)}t_{n-1}}{\beta t_1 + t_2 + \cdots + \beta t_{n-1} + \gamma t_n} \tag{10-13}$$

此式使平均损耗功率有所增大。不同电动机，系数 β 和 γ 的取值不同。对于异步电动机：$\beta = 0.5$，$\gamma = 0.25$；对于直流电动机：$\beta = 0.75$，$\gamma = 0.5$。

10.4.3　短时工作制电动机额定功率的选择

短时工作制电动机额定功率的选择与连续工作制电动机功率选择不一样，原因是短时工作制电动机的发热情况与连续工作制电动机发热情况有区别。拖动短时工作方式的机械时，应首选短时工作制的电动机。在没有专用电动机时，也可选用连续工作制或断续周期工作制的电动机。

1. 选用短时工作制电动机

在选择短时工作制电动机的额定功率时，如果负载的工作时间与短时工作制电动机的标准工作时间相等，先计算电动机的负载功率 P_{L}。如果短时工作的负载功率 P_{L} 恒定，只要使电动机额定功率 P_{N} 大于等于负载功率 P_{L} 即可；如果负载功率 P_{L} 是变化的，可以用平均损耗法计算出等效功率，然后按照等效功率小于电动机额定功率选择。如果负载的工作时间与短时工作制电动机的标准工作时间不相等，则需按发热和温升等效的原则把负载功率折算成标准时间下的等效负载功率 P_{LN}。折算公式为

$$P_{\mathrm{LN}} = \frac{P_{\mathrm{L}}}{\sqrt{\dfrac{t_{\mathrm{rN}}}{t_{\mathrm{r}}} + \alpha\left(\dfrac{t_{\mathrm{rN}}}{t_{\mathrm{r}}} - 1\right)}} \tag{10-14}$$

式中，t_{rN} 为短时工作制电动机的标准工作时间；t_{r} 为电动机的实际工作时间；α 为电动机满载时的铁心损耗与铜损耗之比。

如果 t_r 与 t_{tN} 相差不大，t_r 可以约等于 t_{tN}，式(10-14)便简化为

$$P_{LN} = P_L \sqrt{\frac{t_r}{t_{rN}}} \tag{10-15}$$

显然，$\sqrt{\dfrac{t_r}{t_{rN}}}$ 是折算因数。当短时工作制电动机的实际工作时间 t_r 大于该电动机标准短时工作时间 t_{rN} 时，折算因数大于 1；当短时工作制电动机的实际工作时间 t_r 小于该电动机标准短时工作时间 t_{rN} 时，折算因数小于 1。

然后预选电动机的额定功率 P_N，使得选择电动机的额定功率为 P_N 大于标准时间下的等效负载功率 P_{LN}。最后校验所选电动机。由于折算系数本身就是从发热和温升等效中推导出来的，而且经过向标准工作时间折算后，预选电动机必定能通过温升，另外，短时工作制的电动机一般有较大的过载倍数与起动转矩，对于使用短时工作制电动机拖动短时运行的恒定负载的情况，不需要进行发热和过载能力校验。所以对鼠笼式异步电动机而言，只进行起动能力的校验。

【例 10-4】　某生产机械为短时运行方式，输出功率 $P_o=22\text{kW}$，$\eta_L=78\%$，每次工作 17min 后停机，而停机时间足够长。试选择拖动电动机的额定功率。

解　电动机轴上的负载功率

$$P_L = \frac{P_o}{\eta_L} = \frac{22}{0.78} = 28.21(\text{kW})$$

选择标准运行时间为 15min 的短时工作制电动机，则折算成标准运行时间下电动机轴上的等效负载功率

$$P_{LN} = P_L \sqrt{\frac{t_r}{t_{rN}}} = 28.21 \times \sqrt{\frac{17}{15}} = 30.03(\text{kW})$$

故选择额定功率大于 30.03kW 的短时工作制电动机。

2. 选用连续工作制的电动机

连续工作制电动机的额定功率是按长期运行设计的，如果将连续工作制电动机用于短时工作制情况下运行时，从发热与温升等效以及充分利用电动机等方面考虑，所选择的电动机允许输出的功率将大于原设计的额定功率，尽量使短时工作时间内电动机的温升恰好达到电动机带额定负载连续工作时的稳定温升。

连续工作制电动机额定功率的选择首先也是计算电动机的负载功率 P_L。将短时工作的负载功率折算成连续工作的等效负载功率 P_{LN}。折算公式为

$$P_{LN} = P_L \sqrt{\frac{1 - e^{-\frac{t_r}{\tau}}}{1 + \alpha e^{-\frac{t_r}{\tau}}}} \tag{10-16}$$

然后预选电动机的额定功率 P_N。使选择电动机的额定功率 P_N 大于等于连续工作时的等效负载功率 P_{LN}。由于达到了温升要求，故不需要进行发热检验。但是，因为连续工作制电动机用于短时运行时，电动机的额定功率 P_N 将小于短时工作时所带的负载功率 P_L。此时，电动机的最大转矩 T_{max} 可能会小于负载转矩 T_L，必须进行过载能力校验。对鼠笼式异步电动机来

说，还应进行起动能力的校验。

额定功率一定的连续工作制电动机用于短时工作制工作时，工作时间越短，它能输出的功率越大。如果电动机的实际工作时间极短，$t_r < (0.3 \sim 0.4)\tau$，按式(10-16)求得的连续工作时的等效负载功率 P_{LN} 将远小于短时工作时所带的负载功率 P_L。此时发热问题已经成为次要问题，而过载能力和起动能力(对鼠笼式异步电动机而言)成了决定电动机额定功率的主要因素，电动机最大转矩可能小于负载转矩。因此，不必进行发热校验，可以直接按照满足过载倍数和起动转矩的要求来选择电动机的额定功率。例如，机床横梁的夹紧电动机或刀架移动电动机等，t_r 一般小于 2min，而 τ 一般大于 15min。

3. 选用断续周期工作制的电动机

在没有短时工作制电动机的情况下，可以选用断续周期工作制的电动机用于短时工作制电动机运行。从发热与温升等效的角度考虑，应将断续周期工作制的电动机的标准持续率和短时工作制电动机的标准工作时间相对应，也就是把断续周期工作制的电动机的标准持续率 FS 折算成短时工作制电动机的标准工作时间 t_{rN}。FS 与 t_{rN} 的对应关系为：FS 为 15% 相对于 t_r 为 30min；FS 为 25% 相当于 t_r 为 60min；FS 为 40% 相当于 t_r 为 90min。然后按照短时工作制电动机额定功率的方法进行选用。

10.4.4　断续周期工作制电动机额定功率的选择

断续周期工作制电动机与短时工作制电动机相似，其额定功率 P_N 与铭牌上标注的标准负载持续率 FS 值相对应，对同一台电动机而言，FS 值越低，允许输出的功率越大。

拖动断续周期工作方式的机械负载时，首选断续周期工作制电动机，也可选用连续工作制或短时工作制的电动机。断续周期工作制电动机额定功率的选择首先需要计算电动机的负载功率 P_L 和实际负载持续率 FS。如果实际负载持续率 FS 与断续周期工作制电动机的标准负载持续率 FS_N 相等，负载恒定时，可直接根据负载功率 P_L 的大小选取电动机的额定功率 P_N；负载变化时，可以用平均损耗法校验电动机的发热与温升，由于其值已经考虑了断电停机时间，不再计入断电停机时间。如果实际负载持续率 FS 与断续周期工作制电动机的标准负载持续率 FS_N 不相等，则需按发热和温升等效的原则把负载折算成标准持续率下的等效负载功率 P_{LN}。折算公式为

$$P_{LN} = \frac{P_L}{\sqrt{\dfrac{FS_N}{FS} + \alpha\left(\dfrac{FS_N}{FS} - 1\right)}} \tag{10-17}$$

如果 FS 与 FS_N 相差不大，FS 约等于 FS_N，式(10-17)也可以简化为

$$P_{LN} = P_L \sqrt{\frac{FS}{FS_N}} \tag{10-18}$$

最后预选电动机的额定功率 P_N。选用电动机的额定功率 P_N 大于等于标准持续率下的等效负载功率 P_{LN}。不需要进行发热校验。对鼠笼式异步电动机而言，应该进行过载能力与起动能力的校验。

断续周期工作制电动机是专门为断续周期工作制的生产机械设计的，因此对此类生产机械一般不选其他工作制电动机。但是如果没有现成断续周期工作制电动机，也可以用连续工

作制和短时工作制电动机来代替。一般实际负载持续率 FS 小于 10%时，可按短时工作制选择电动机，其相对应关系见 FS 与 t_{rN} 的对应关系；如果实际负载持续率 FS>70%，则可按连续工作制选择电动机。工作周期很短，t_r+t_0<2min，而且电动机的起动、制动或正、反转相当频繁，此时必须考虑起动、制动电流对温升的影响，所以电动机的额定功率应该选较大的。

【例 10-5】 某生产机械断续周期性地工作，工作时间为 120s，停机时间为 300s，作用在电动机轴上的负载转矩 T_L=45N·m，n_L=1425r/min，试选择电动机的额定功率。

解 电动机的负载功率

$$P_L = T_L \Omega_L = T_L \frac{2\pi n_L}{60} = 45 \times \frac{2\pi \times 1425}{60} = 6.7(\text{kW})$$

电动机的实际负载持续率

$$\text{FS} = \frac{t_r}{t_r + t_0} = \frac{120}{120 + 300} \times 100\% = 28.6\%$$

选择标准负载持续率为 25%的断续周期工作制电动机，则折算成标准持续率下电动机轴上的等效负载功率 P_{LN}:

$$P_{LN} = P_N \sqrt{\frac{\text{FS}}{\text{FS}_N}} = 6.7 \times \sqrt{\frac{28.6\%}{25\%}} = 7.17(\text{kW})$$

故应选择额定功率大于 7.17kW 的断续周期工作制电动机。

*10.5 现代农业生产中电机控制系统

相对于传统农业而言，现代农业是广泛应用现代科学技术、现代工业提供的生产资料和科学管理方法进行的社会化农业。属于农业的最新阶段。

现代机器体系的形成和农业机器的广泛应用，使农业由手工畜力农具生产转变为机器生产，如技术经济性能优良的拖拉机、耕耘机、联合收割机、农用汽车、农用飞机以及林、牧、渔业中的各种机器，成为农业的主要生产工具，使投入农业的能源显著增加，电子、原子能、激光、遥感技术以及人造卫星等也开始运用于农业。

现对部分现代农业领域的电机控制技术进行如下介绍。

10.5.1 节水灌溉控制技术

在灌溉区，由于作物的种植结构和种植时间不同，灌水时间、灌水定额及整个灌溉区域的需水量均可视为随机的，但在灌溉时所需的压力是一定的，属于恒压变流供水。故在供水系统的设计与运行中，通常以所需水流量和压力为控制对象。图 10-9 为某节水灌溉区。

在供水系统中，通常是以流量为控制对象的。常见的控制方法有阀门控制法和转速控制法两种，采用变频调速的供水系统属于转速控制法。转速控制法是通过改变水泵的转速来调节流量，而阀门的开度保持不变。该方法实质是通过改变水流的势能来改变流量，所以，当水泵的转速改变时，扬程特性将随之改变，而管阻特性则不变。

图 10-9　节水灌溉区

控制系统组成：井的变频由一台计算机控制，组成一套系统。系统主要由上位机、下位机、变频器等组成。上位机主要是对整个系统进行监视，对各种实时状态进行记录、存储，并根据操作者的要求，在画面上显示出所需要的运行参数。PCL 对系统的运行数据进行采集、运算及处理，同时根据需要将相关的操作命令发给执行机构，对系统的运行状态进行控制。变频器主要是根据现场的需要，由 PCL 发出指令，实现对电机的变频调节，达到调速的目的。电动执行机构实现对供水流量和压力的控制及系统的自动保护，以保证系统的安全、正常运行。

控制系统实现：水泵压力与流量的关系（即扬程特性）曲线是以水泵转速为参数的一簇抛物线，对于不同的电机转速，其特性曲线不同，转速降低特性曲线向下平移，同一流量下的压力值降低。在给定的压力范围内，通过调节水泵的转速，总能找到一簇扬程特性曲线，其流量满足需水要求。因此可以通过测试水泵出口的压力，调节电机的转速，使压力(扬程)与流量满足用户要求。

节水灌溉控制技术的特点：由于实现了自动控制，避免了人工操作，同时避免了电机的频繁启动，节省了启动电量，延长了系统的使用寿命，提高了系统运行的稳定性。

10.5.2　小麦精播智能控制系统

20 世纪 80 年代，国外最早用雷达的测速仪来测量行走速度、播种密度和谷物漏播；后来，曾出现排种器的电子控制系统，可根据工作幅宽、地轮半径及不同机型进行编程，改进操作条件；还有采用光电传感器监视播种机的单行播种；日本也正在研究根据测取地轮转速信号控制排肥排种的自动控制系统。国内在 20 世纪 90 年代后期，采用压电、声电传感器，将单粒排种的落粒物理量转变为电量，通过信号转换检测其排种性能参数；研制作业时其监视器可对排种轴不转、输种管堵塞、种箱无种等情况进行实时监测，情况异常会及时发出声光报警的电子监测装置。小麦精播如图 10-10 所示。

小麦精播智能控制系统通过速度传感器实时检测机组前进速度，并通过单片机控制核心使步进电机转速和机组前进速度始终保持同步；用步进电机驱动排种，随时调节种距和播量，确保播种精度。

精播智能播种机单体组合包括种箱、双线排种器、步进电机、排种漏斗、输种管、双线开沟器、仿形机构、地轮、旋转编码器、机架、模拟轮(或拖拉机前轮)及手柄等部分。进行播种时，试验员拉动机架上方手柄使其向前移动，与此同时，控制系统通过模拟轮的转速变化实时调节排种器的转速。

为防止地轮驱动有较大滑移，选择旋转编码器与拖拉机前轮轴相连。在室内使用拖拉机作牵引用模拟轮临时代替拖拉机前轮，来测量精播机的前进速度。步进电机由蓄电池提供电能。实际田间作业时换为四轮拖拉机头，此时旋转编码器安装于拖拉机前轮轴，由拖拉机电瓶为步进电机供电。

图 10-10　小麦精播

采用两个单片机控制单元，通过蓝牙实现相关数据的无线传输。主机系统主要完成机组前进速度信号采集、人机对话、故障报警等功能。从机系统主要实现步进电机驱动排种、监视播种状况及故障等。

智控精播机利用独立按键对播种参数进行设置；采用旋转编码器测量播种机的前进速度。测速信号经调理电路送入主机并被接收处理后，主机随即将当前车速和设置的播量等参数信息通过蓝牙无线收发模块发送到从机，由从机进行综合计算，得出此时步进电机应有的转速，从而实时控制排种轴转速。

另外，从机还利用光电传感器监视播种故障。一旦种箱内种子不足或输种管堵塞，从机便通过蓝牙将故障信号发送到主机，由主机发出声光报警，提醒操作人员及时采取相应措施；同样，当步进电机接近其极限转速时，系统将自启动警灯，令其闪烁并蜂鸣报警。

近年来，精密播种已成为现代播种技术的主要发展方向，伴随电子信息技术的不断发展，自动控制技术已广泛应用于精密播种行业。精播智能控制系统的特点：①使控制步进电机按机具前进速度及时准确地调节排种轴转速，以保障排种均匀。②方便控制装置的组装与拆卸。③省时省力，利于田间管理。④利用多种方式提醒驾驶员完成相应纠错操作。

10.5.3　玉米精准作业系统

精准播种、精准施肥是精准农业主要的技术。精准播种即可以大量节省种子，还可节省间苗工时，使作物苗齐、苗壮，营养合理，植株个体发育健壮，群体长势均衡，增产效果显著。精准施肥通过测量土壤养分含量，按需施肥，在节约肥料的同时，起到环境保护的作用。

国外变量播种施肥的实施过程是通过液压马达驱动排肥机构来实现的，通过控制液压电液比例阀的开度，控制液压油的流量，实现播种量和施肥量的变量控制。应用最广的有 CASE 公司的 Flexi Coil 变量施肥播种机、JOHN Deere 公司的 JD-1820 型气力式变量施肥播种机等。国内关于播种变量控制的研究，只有水稻播种机的播种量调节机构，该机构在播种机上采用了联动机构，可实现排种量的同步调整。关于施肥量的变量控制，通常用电机或液压马达驱动排种机构的控制方法实现开环控制。

玉米免耕播种施肥机监控系统设计了变量播种反馈控制系统，以及按处方图精准施肥控制系统。该系统在播种机上安装 GPS 接收机、排种管和排肥管检测传感器、种箱和肥箱质量传感器、传感器采集模块、排种轴和排肥轴转速控制电机、电机控制模块、霍尔测速传感器等装置。安装在播种机上的车载计算机、变量播种反馈装置和精准施肥控制装置、车载 GPS、变量播种反馈装置及精准施肥控制装置分别通过车载信号处理电路与车载计算机连接。在排种管和排肥管上安装压力传感器和电容传感器，检测实施播种量和施肥量，上位机采集信息并与期望的播种量和施肥量对照，计算偏差，根据车辆行走速度，输出排种轴、排肥轴期望的转速，控制电机实现变量播种和变量施肥。

土壤类型、养分、墒情和地形在田间分布存在差异，为了使整块田出苗整齐、苗壮生长，需要在播种时对播种机进行定位，根据播种处方图，通过嵌入式控制器随时调整下种量，实现变量播种。土壤养分存在明显的变异是变量施肥研究的出发点和依据。根据 GPS 接收到的位置信息实时读取施肥处方图信息，通过变量控制系统调节施肥量。机载计算机可以显示农田电子地图，以及机器前进速度和单位面积实际施肥量等参数。在播种机的车载计算机上装载所述播种机作业区域的数字地图和作业处方图；通过安装在播种机上的质量信号采集装置获得种箱、肥箱的质量信息，通过霍尔传感器获得播种机的行走速度，并送入车载计算机；车载计算机通过 GPS 获得播种机所在位置的实时坐标，将质量、速度及坐标与作业处方图比较，得到播种机所在位置处按处方图的播种量和施肥量数据调整信息，并传输到排种轴控制电机及排肥轴控制电机，实现变量播种和变量施肥。

玉米精准作业系统的特点：①排种量、排肥量自动调整系统通过伺服电机控制种肥轴转速来实现，性能稳定，实用性强。②对施肥量的控制，实现根据处方图的施肥量变量调节，解决了目前变量施肥机施肥量开环控制精度不高的问题。③对玉米点播，首次提出实时调整播种粒距的变量播种模式，可以实现播种粒距在线无级调整，最大限度地控制误差。

10.5.4　花卉幼苗自动移栽机设计

20 世纪末，国外研制了具有幼苗分选移栽功能的自动化设备进行产业应用，作业效率达到数千作业循环/h，最高可扩展几十组移栽手爪。目前，国内也出现了花卉幼苗自动化移栽机和蔬菜钵苗自动移栽机的相关研究。图 10-11 为某一幼苗分选区。

图 10-11　幼苗分选区

花卉幼苗自动化移栽机主要由支撑架、移栽定位机构、幼苗夹持手爪、幼苗视觉识别相机、穴盘和花盆传送皮带以及花盆上料推杆构成。作业过程中选数个花盆为一组，通过上料推杆推送至花盆传送带。幼苗穴盘放置于穴盘传送带，穴盘和花盆分别随各自的传动带运动。控制器通过幼苗识别对适宜移栽的优质幼苗穴孔进行定位。采用分组末端夹持手爪进行移栽，手爪受移栽定位机构驱动，将幼苗从穴盘夹起后，提升至花盆高度，彼此间距调整至与花盆等间距后，传送至花盆上方后将幼苗插入花盆，最后返回至穴盘上方，完成一次移栽作业循环。试验系统用坐标步进电机驱动移栽机控制器，从而可以对控制系统快速响应能力进行测定。

花卉幼苗自动移栽机的特点：①提高花卉幼苗移栽效率。②采用多轴电机的多级控制系统，保证移栽机系统每小时数千作业循环的逻辑控制。③主动柔性夹持方式可以提高对幼苗持有力度，防止对幼苗根部的刚性损伤。

10.5.5　农药喷雾器控制系统

与传统的大面积均匀喷施技术相比，变量喷施技术能够最大限度地减小由于过量使用农药而引起的负面影响、减少环境污染、提高农药的有效利用率。国内变量喷雾主要采用预混药式，药液浓度不变，通过改变施药量得以实现。其中，主要手段有改变压力式、脉宽调制式等。对于农业变量喷施装置的研究大多是用电信号实现对各种电动阀门的开关控制，或是基于对喷施系统液压泵的调速或对伺服阀门的闭环控制以实现基于压力的变量喷雾。变量喷施装置的核心是控制器，以单片机作为核心控制变量喷施装置。

喷雾控制装置是利用单片机产生 PWM 方波信号，经驱动单元控制器，采用脉宽调制技术，根据喷施对象及病虫草害的类型和分布特征调节由单片机输出的脉冲信号的占空比来控制电动隔膜泵的工作速度，从而实现变量喷雾控制。

其中，农药的流量控制实质上是电动隔膜泵中直流电机的转速控制。对直流电机采取脉宽调制调速，是在直流电源电压基本不变的情况下通过电子开关的通断，改变施加到电机电枢端的直流电压脉冲宽度，以调节输入电机电枢电压平均值的调速方式。这种调速方式结构简单、驱动能力强、调速精度高、响应速度快、调速范围广、调速特性平滑和耗损低。隔膜泵由电机和泵头组成，其工作原理是直流电机通过轴端的偏心轮带动泵头内贴有隔膜的中间块一前一后往复运动。左右泵腔内装有上下单向阀，中间块的运动造成工作腔内容积的改变，迫使单向阀交替地开启和关闭，从而将液体不断地吸入和排出。随着电机转速的改变，泵头吸液和排液的速度也相应发生改变，使喷雾流量得到控制。

单片机是控制电路的核心部件，它产生一个低幅值的方波信号传输到由驱动芯片和功率场效应管组成的驱动单元，当栅极输入高电平时，开关管导通，直流电机电枢绕组两端有电压。当栅极输入低电平时，开关管关闭，电机电枢绕组两端没电压。通过这样周期性地控制开、关来地给隔膜泵中直流电机加上或是撤销电压来改变电机平均电压从而使隔膜泵的工作速度得到调节。

占空比调节单元与单片机相连，单片机靠识别输入的电源模块的信号来控制 PWM 输出信号的值，可以控制隔膜泵的工作速度，对喷雾量进行调节。

变量喷雾控制装置的特点：①喷雾量调节精确、稳定。②应有快速动态响应。③用单片机和驱动单元组成脉宽可调的控制器。④系统尽可能轻小，与典型农用背负式喷雾器相兼容。⑤具有良好的喷雾特性。

10.5.6　采摘机的设计

水果采摘作业是水果生产链中最耗时、最费力的一个环节。采摘是一个季节性较强且劳动密集型较强的工作，目前人口老龄化和农村劳动力越来越少，发展机械化采摘技术，更显得十分必要。现介绍一种模拟手枸杞采摘机设计。

模拟手枸杞采摘机由采摘头、电机驱动箱（包括直流电机、左右旋转子体、传动齿轮）、果实箱，密封式铅酸蓄电池等组成。采摘头通过果实采集管道与果箱连通，采摘头内设置涡轮、蜗杆传动，带动两个反向内旋的涡轮转子。两涡轮转子上均固定设置柔性采摘片，由两转子柔性采摘片上的相对边缘齿实施果实脱茎采摘。电机驱动箱经柔性传动轴驱动采摘头蜗杆，利用柔性胶管环捋摘。

当采摘成熟枸杞果时，将手持采摘头上的三角形采摘口对准枸杞树枝上的枸杞果，启动采摘头上的电源开关，此时采摘头内的直流电机在密封式铅酸蓄电池的驱动下，通过传动齿轮带动左右旋转子体相对转动，上面的柔性胶管也随之相对转动，由于柔性胶管有一定的柔性和强度，随着左右旋转子体的不断转动，枸杞果被采摘下来，掉到手持采摘头内，通过果实输送管，输送到果实箱内。完成一次采摘。上述过程的不断重复，达到采摘果实的目的。由于模拟手枸杞采摘机，在野外工作没有动力电，所以采用直流供电方式，电机采用直流无刷齿轮减速电机。它具有结构紧凑、体积小、寿命长、效率高、噪声低、出轴转速低、通用性和交互性强，维修方便等特点。

　　模拟手枸杞采摘机的特点：①融合了果实特性、采摘要求和人手特点。②利用左右旋转体、表面上的柔性胶管环和直流无刷齿轮减速电机，实现了模拟人手的动作。③手持头质量轻，便于操作，提高了采摘效率。

10.5.7　水果分级机构控制系统

　　国外大部分水果经过加工处理按大小、形状、色泽、损伤和缺陷等进行自动分级和包装后，其商品价值大大提高。还有根据水果的颜色、表面缺陷、大小和形状进行分类的设备，它提供一个能充分一致地照射到被检测对象的光照箱和一套用来获取来自被检测对象不同部位的大量信号的信号检测器。目前国内也正在研究水果分级机构及其控制装置，如图 10-12 所示。

图 10-12　水果分级机构

　　水果分级机构由输送链轮、链条、料斗轴、分级料斗、分级驱动机构、导轨、分级机构和水果下落滑道等组成。分级机构安装在分段安装的导轨之间。导轨分级料斗通过料斗轴安装在链条上，由链传动带动分级料斗和分级料斗中的水果向前输送，分级料斗后轴支撑在导轨或动刀片上。当分级料斗输送带上有位置信息的水果到达对应的分级口位置时，由分级控制模块发送指令，控制步进电机驱动偏心盘偏转，使动刀片落下，分级料斗失稳，料斗后轴沿带有斜度的定刀片行走，到定刀片末端时，水果沿着下落滑道落下，并通过分级输出机构输送到水果收集箱中，实现水果的分级。

　　水果分级控制系统采用计算机、水果位置传感器(接近开关)、通用的数字逻辑芯片、分立电子元器件和步进电机等组成直接数字控制系统，自动检测水果的各项被控参数，对水果分级实行自动控制。

　　步进电机的控制系统中的脉冲分配器产生步进电机工作所需的各相脉冲信号，通过功率放大器进行功率放大后，产生步进电机工作所需的激励电流。步进电机的转速取决于脉冲信号的频率。步进电机以三相六拍方式运转，系统所需的控制信号由双向移位寄存器和门电路产生。

　　当水果经过图像采集和数据处理，完成所属等级判别后，再通过移位寄存器对其位置的实时跟踪，到达相应的分级出口时，由步进电机控制的阀门在这一时刻打开，让水果从出口分离，随后电机反转，阀门关闭，让不属于这一级别的水果通过。

　　水果分级控制系统的特点：①研究了水果位置信息的确定方法，实现了线上水果的同步跟踪。②采用计算机直接数字控制方式，通过摄像头和图像采集卡以及电感式位置传感器实时采集被检测对象的图像和位置信息，图像处理结果和水果的位置信息被用作分级机构的驱动信号，控制分级出口的适时启闭。③采用控制算法的经验整定法对被控对象的参数进行整定，确定分级控制系统的控制策略。④步进电机的控制状态能够对分级机构实现及时、准确的启闭控制。

综上所述，现代农业是农业发展史上的一个重要阶段。从传统农业向现代农业转变的过程看，实现农业现代化的过程是农业生产的物质条件和技术的现代化，利用先进的科学技术和生产要素装备农业，实现农业生产机械化、电气化、信息化、生物化和化学化。现代农业是用现代工业装备的，用现代科学技术武装的，用现代组织管理方法来经营的社会化、商品化农业，是国民经济中具有较强竞争力的现代产业。

本 章 小 结

在满足生产机械对稳态和动态特性要求的前提下，优先选用结构简单、运行可靠、维护方便、价格便宜的电动机。

电动机的选择包括电动机种类、形式的选择；电动机额定电压和额定转速的选择；电动机额定功率的选择；绝缘等级的选择；工作制的选择；以及连续工作制、短时工作制和断续工作制工况下电动机额定功率的选择；过载和起动能力的校验。

电动机的外形结构的选择由于工作环境不同，其外壳防护方式分为开启式、防护式、封闭式、密封式、防爆式。电动机的安装方式有卧式和立式两种；按轴伸又分为单轴伸和双轴伸。

电动机的电压等级的选择，对中等功率(<200kW)的交流电动机，一般选 380V 电压；额定功率为 1000kW 以上的电动机，选 10kV 电压。鼠笼式异步电动机在采用 Y-△降压起动时，应该选用电压为 380V、△联结的电动机。直流电动机选择额定电压时通常考虑与供电电源配合。

电动机的额定转速的选择，对不需要调速的高、中速生产机械，可选择相应额定转速的电动机；对不需要调速的低速生产机械，可选用相应的低速电动机或者传动比较小的减速机构；对经常起动、制动和反转的生产机械，则应考虑缩短起动、制动时间；对调速性能要求不高的生产机械，可选用多速电动机，或者选择额定转速稍高于生产机械的电动机配以减速机构，或优先选用电气调速；对调速性能要求较高的生产机械，直接采用电气调速，使电动机的最高转速与生产机械的最高转速相适应。

电动机的工作制可大致分为连续工作制 S1、短时工作制 S2 和断续周期工作制 S3 三种。还可以把电动机的工作制细分为 S1~S10 十种工作制。

电动机的额定功率必须满足生产机械在起动、调速、制动、过载时对电动机的功率和转矩的要求，且不超过国家标准所规定的温升。电动机功率选择方法有计算法、统计法、类比法。在选择电动机额定功率时要校验电动机在工作过程中其温升是否超过最高允许值。本章主要讨论了连续工作制下电动机额定功率的选择，短时工作制下电动机额定功率的选择，断续周期工作制下电动机额定功率的选择。

习　　题

10-1　电力拖动系统中电动机的选择主要包括哪些内容？

10-2　电动机的种类选择主要考虑哪些内容？能否以某一典型生产机械为例说明选择哪类电动机拖动比较合适？

10-3　电动机的额定温升和实际稳定温升分别由什么因素决定？电动机的温度、温升以及环境温度三者之间有什么关系？

10-4　电动机的安装方式有哪几种？电动机的外壳防护方式有哪几种？各有何特点？一般适用于哪些

场合？

10-5 电动机一般电源电压等级有哪些？有哪些选择依据？

10-6 若使用 B 级绝缘材料时电动机的额定功率为 P_N，则改用 F 级绝缘材料时该电动机的额定功率将怎样变化？

10-7 电动机是依据哪些原则选择额定转速的？

10-8 电动机的三种工作制是如何划分的？简述各种工作制电动机的发热特点及其温升的变化规律。

10-9 电动机发热时间常数的物理意义是什么？电动机工作环境与电动机初始温升、稳定温升有什么关系？

10-10 如果电动机周期性地工作 15min、停机 85min，或工作 5min、停机 5min，这两种情况是否都属于断续周期工作方式？

10-11 电动机的允许输出功率等于额定功率有什么条件？环境温度和海拔是怎样影响电动机允许输出功率的？

10-12 试简述电动机额定功率选择的基本方法和步骤。为什么选择电动机的额定功率时，要着重考虑电动机的发热？

10-13 当实际负载持续率与标准负载持续率不同时，应该把实际负载持续率换算成标准负载持续率下的功率，其换算原则是什么？

10-14 将一台额定功率 P_N 的短时工作制电动机改为连续运行，其允许输出功率是否变化？为什么？

10-15 一台额定功率为 10kW 的电动机，使用 E 级绝缘材料，额定负载时的铁心损耗与铜损耗之比为 0.67。试求环境温度分别为 20℃和 60℃时电动机的允许输出功率。

10-16 一台 33kW、连续工作制的电动机若分别按 25%和 60%的负载持续率运行，其允许输出的功率怎样变化？哪种负载持续率对应的允许输出功率大？

10-17 一台离心式双吸泵，其流量 Q=160m³/h，排水高度 H=53m，转速 n=2950r/min，水泵效率 η_b=79%，水的密度取 ρ=1000kg/m³，传动机构的效率 η_c=0.95。现拟用一台三相鼠笼式异步电动机拖动，已知电动机的额定功率 P_N=30kW，额定转速 n_N=2940r/min，额定效率为 90%。试校验该电动机的额定功率是否合适。

10-18 一台三相异步电动机，已知额定功率为 37kW，最大功率为额定功率的 2.1 倍，额定负载时的铁心损耗与铜损耗之比为 0.6，发热时间常数为 50min。请从发热和过载能力方面校核下列情况下能否用该电动机：（1）短时工作负载功率 P_L=60kW，短时工作时间为 t_r=25min；（2）短时工作负载功率 P_L=90kW，短时工作时间为 t_r=10min。

计算习题参考答案

第 0 章

0-12　i=0.461，L=2.6H。

0-13　Φ=2.2×10^{-3}Wb，L=3.6H。

第 1 章

1-12　T_N=795.8 N·m，P_1=139.7kW，I_N=634.8A。

1-13　(1) T_2=2122.2N·m；(2) T_e=2341.7N·m。

1-14　(1) T_e=710.8N·m；(2) T_N=700 N·m；(3) P_1=121.4kW，η =90%。

1-15　E_a =215V。

1-16　(1) E_a =201.2V<U，是电动机状态；(2) T_e=114.4N·m；(3) P_2=17.4kW。

1-17　P_2=23kW，T_e=162.6 N·m，P_1=28.2kW，η =82%。

1-18　I_f =0.35A；I_a =12.2A；E_a=215V；T_e=8.32 N·m。

1-19　(1) $C_e\Phi_N$=0.13，$C_T\Phi_N$=1.26；(2) T_e=143.9N·m，T_0=3.8 N·m；

　　　(3) n_0=1679.4r/min，n_0'=1674.8r/min。

第 2 章

2-14　I_{1N}=25A，I_{2N}=625A。

2-15　(1) I_{1N}=28.9A，I_{2N}=721.7A；(2) P_2=427.5kW。

2-16　(1) I_{1N}=1.16A，I_{2N}=28.87A；(2) N_2=132 匝。

2-17　N_1=970 匝，N_2=166 匝，k=5.8。

2-18　I_0 =0.79A，I_1 =4.8A。

2-19　I_2=1814.7A，U_2=10.43kV，$\cos\varphi_2 = 0.8$。

2-20　(1) Z_m=36351Ω，X_m=36118Ω，R_m=4104Ω，Z_k=132Ω，X_k=128Ω，R_k=32.1Ω。

2-21　(1) Z_m=1238Ω，X_m=1234Ω，R_m=104Ω，Z_k=0.98Ω，X_k=0.978Ω，R_k=0.057Ω；

　　　(2) ΔU=3.5%，U_2=6.08kV。

2-22　ΔU=0.049，η=96%，η_{max}=97.1%，I_2=72A。

2-23　(1) $S_I = 3065.1\text{kV}\cdot\text{A}$，$S_{II} = 4934.9\text{kV}\cdot\text{A}$；(2) $S_{max} = 8352\text{kV}\cdot\text{A}$，容量利用率为 94.9%。

2-24　(a) Y,d11；(b) Y,d5。

第 3 章

3-13　$f_5 = 250\text{Hz}$，$f_7 = 350\text{Hz}$。

3-16　Φ=0.0053Wb。

3-17　$E_{\varphi 1}$=6298.7V。

3-18　(1) $2p$=2；(2) Z_1=36；(3) k_{w1}=0.945，k_{w5}=0.139，k_{w7}=0.06；

　　　　(4) $E_{\varphi 1}$=230V，$E_{\varphi 5}$=40V，$E_{\varphi 7}$=9.06V。

3-19　(1) $F_{\varphi 1}$=41kA；(2) F_1=61.7 kA。

3-20　F_1=2.05kA。

第 4 章

4-18　p=3，s_N=0.025，η_N=89.7%。

4-19　n_1=750r/min，n_N=718r/min；s=0.0067；s=−0.0067；s=1。

4-20　p=2，I_N=19.6A，T_N=65.9N·m。

4-21　I_1=20.3A，$\cos\varphi_1$=0.86，P_1=11.5kW，η=86.9%。

4-22　$k_i k_e$=26.6，$\dfrac{R_2'}{s}$=13.3Ω，$X_{2\sigma}'$=2.4Ω，P_2=7.01kW，P_1=8.69kW，η=80.6%。

4-23　(1) s=0.05；(2) p_{Cu2}=1.53kW；(3) η=85.3%；(4) I_1=56.9A；(5) f_2=2.5Hz。

4-24　(1) s=0.04；(2) f_2=2Hz；(3) p_{Cu2}=316W；(4) η=87%；(5) I_1=15.8A。

4-25　P_e=86kW，P_1=91kW，$\cos\varphi_N$=0.86。

4-26　(1) T_e=70.6N·m；(2) n=1274.6r/min。

4-27　T_N=33.3N·m，T_{max}=70.8N·m，s_m=0.2，k_m=2.1。

4-28　(1) n_N=1479r/min，T_e=1317.9N·m，η=92.6%；(2) k_m=2.7，k_{st}=2.1。

4-29　(1) P_1=17.5kW，P_e=16.6kW，P_m=16kW；(2) T_{max}=238.2N·m，k_m=2.4，s_m=0.125；

　　　　(3) T_{st} = T_m，s=1，R_{st}=8 R_2'。

第 5 章

5-32　I_N=14.4A；P_N=8kW；Q_N=6kvar 。

5-33　(1) $\dot I_a = 707.07\angle -45°$ A，直轴去磁兼交磁反应；(2) $\dot I_a = 500\angle -90°$ A，直轴去磁反应；

　　　　(3) $\dot I_a = 1000\angle 90°$ A，直轴增磁反应；(4) $\dot I_a = 1000\angle 0°$，交磁反应。

5-34　I_d=7.85A，I_q=4.5A，X_d=25.3Ω，X_q=19.9Ω。

5-35　E_0=17.9kV，ψ=73.6°。

5-36　E_0=10.73kV，θ=18.5°。

5-37　E_0=7.2kV 或 6.5kV，ψ=56.7°，θ=20°。

5-38　(1) E_0=8.86kV；(2) δ_N=34°；(3) P_{max}=21483.6kW；(4) k_m=1.8。

5-39　(1) $P_e|_{\delta_N=24°}$=37.6kW；(2) P_{max}=76kW；(3) k_m=2。

5-40　同步电动机容量=1656.2kV·A，功率因数=0.24。

5-41　2.6 倍。

第 6 章

6-8　GD^2=1096.1N·m²。

6-9　(1) GD^2=313N·m²，T_L=311.4 N·m；(2) P_2=10.37kW。

6-10　GD^2=9.73N·m²，T_L=54.8 N·m。

6-11 $D=6.59$。

第 7 章

7-10 $n_0=1146\text{r/min}$，$\beta=0.99$，$\alpha=1.01$。

7-11 取 $R_a=0.08\Omega$ 时，$n_0=791\text{r/min}$，$T_N=95.5\text{N·m}$。

7-12 (1) $n_0=1053\text{r/min}$，$T_N=76.4\text{N·m}$；(2) 2Ω，T_N 时，$n=611\text{r/min}$；4Ω，T_N 时，$n=138\text{r/min}$；
      (3) $n_0=351\text{r/min}$，T_N 时，$n=297\text{r/min}$；(4) $n_0=1503\text{r/min}$，$I=54.7\text{A}$，$n=1409\text{r/min}$。

7-13 $R_{st1}=0.25\Omega$，$R_{st2}=0.416\Omega$，$R_{st3}=0.693\Omega$，$R_{st4}=1.153\Omega$。

7-14 $R_{ad}=0.396\Omega$，$T_{st}=695\text{N·m}$。

7-15 (1) $n=2985.7\text{r/min}$，$I_N=185\text{A}$；(2) $n=2865\text{r/min}$，$I_N=185\text{A}$；(3) $n=3159\text{r/min}$，$I_N=194\text{A}$。

7-16 (1) $\Phi=0.837\Phi_N$，$I_a=186\text{A}$；(2) 2000r/min。

7-17 (1) $n=-1189\text{r/min}$；(2) $R_{ad}=13.1\Omega$；(3) $R_{ad}=1.557\Omega$。

第 8 章

8-21 (1) $T_e=\dfrac{2555}{\dfrac{0.0553}{s}+\dfrac{s}{0.0553}}$； (2) $T_e=392.3\text{N·m}$； (3) $n=1485\text{r/min}$。

8-22 直接起动、Y-△降压起动、抽头为55%的自耦变压器降压起动均不合适，只能采用抽头为64%的自耦变压器降压起动。

8-23 $R_{st1}=0.1255\Omega$，$R_{st2}=0.36\Omega$，$R_{st3}=1.031\Omega$。

8-24 当 $p=3$ 时，$n=976\text{r/min}$；当 $p=2$ 时，$n=1476.5\text{r/min}$。

8-25 $f_1'=20\text{Hz}$，$U_1'=152\text{V}$。

8-26 $R=0.0638\Omega$。

8-27 (1) $R=2.62\Omega$；(2) $R=4.98\Omega$。

第 10 章

10-15 $P_2=11.9\text{kW}$；$P_2=7.6\text{kW}$。

10-16 25%的负载持续率对应的允许输出功率大。

10-17 $P_L=30.8\text{kW}$，不合适。

10-18 (1) $P_{LN}=17.31\text{ kW}$，实际过载能力为1.62，电动机可用；
       (2) $P_{LN}=10.94\text{ kW}$，实际过载能力为2.43，电动机不可用。

参 考 文 献

白连平, 马文忠, 2012. 异步电动机节能原理与技术[M]. 北京: 机械工业出版社.

查普曼, 2008. 电机原理及驱动——电机学基础[M]. 4 版. 满永奎, 译. 北京: 清华大学出版社.

陈道舜, 1987. 电机学[M]. 北京: 中国水利水电出版社.

陈世坤, 1990. 电机设计[M]. 北京: 机械工业出版社.

COGDELL J R, 2003. 电气工程学概论[M]. 2 版. 贾洪峰, 译. 北京: 清华大学出版社.

电力工业部西北电力设计院, 2001. 电力工程电气设备手册(上、下册)[M]. 北京: 中国电力出版社.

电力系统卷编辑委员会, 2001. 中国电力百科全书(电力系统卷) [M]. 北京: 中国电力出版社.

顾绳谷, 2004. 电机及拖动基础（上、下册）[M]. 4 版. 北京: 机械工业出版社.

李发海, 王岩, 1994. 电机与拖动基础[M]. 北京: 清华大学出版社.

李发海, 王岩, 2012. 电机与拖动基础[M]. 4 版. 北京: 清华大学出版社.

李发海, 朱东起, 2007. 电机学[M]. 4 版. 北京: 科学出版社.

刘锦波, 张承慧, 等, 2006. 电机与拖动[M]. 北京: 清华大学出版社.

麦崇裔, 2004. 电机学与拖动基础[M]. 广州: 华南理工大学出版社.

邱阿瑞, 2002. 电机与电力拖动[M]. 北京: 电子工业出版社.

邱阿瑞, 2006. 电机与拖动基础(少学时)[M]. 北京: 高等教育出版社.

邵世凡, 2008. 电机与拖动[M]. 杭州: 浙江大学出版社.

苏少平, 崔新艺, 阎治安, 2006. 电机学[M]. 西安: 西安交通大学出版社.

孙建忠, 2007. 电机与拖动[M]. 北京: 机械工业出版社.

孙建忠, 刘凤春, 2013. 电机与拖动[M]. 2 版. 北京: 机械工业出版社.

孙旭东, 王善铭, 2006. 电机学[M]. 北京: 清华大学出版社.

汤蕴璆, 史乃, 2012. 电机学[M]. 北京: 机械工业出版社.

唐介, 2003. 电机与拖动[M]. 北京: 高等教育出版社.

唐介, 2007. 电机与拖动[M]. 2 版. 北京: 高等教育出版社.

魏炳贵, 2003. 电力拖动基础[M]. 北京: 机械工业出版社.

肖登明, 2005. 电气工程概论[M]. 北京: 中国电力出版社.

徐德淦, 2004. 电机学[M]. 北京: 机械工业出版社.

徐国凯, 赵秀春, 苏航, 2010. 电动汽车的驱动与控制[M]. 北京: 电子工业出版社.

许建国, 2004. 电机与拖动基础[M]. 北京: 高等教育出版社.

许实章, 1988. 电机学[M]. 北京: 机械工业出版社.

阎治安, 2008. 电机学习题解析[M]. 西安: 西安交通大学出版社.

张有东, 2012. 电机学与拖动基础[M]. 北京: 国防工业出版社.

CROWDER R, 2006. Electric Drives and Electromechanical Systems[M]. Oxford: Elsevier Limited.

GURU B S, HIZIROGLU H R, 2000. Electric Machinery and Transformers[M]. New York: Oxford University Press, Inc.

HINDMARSH J, RENFREW A, 1996. Electrical Machines and Drives Systems[M]. 3rd ed. Oxford: Elsevier Limited.

HUGHES A, DRURY B, 2013. Electric Motors and Drives[M]. 4th ed. Oxford: Elsevier Limited.

MUELLER M, POLINDER H, 2013. Electrical Drives for Direct Drive Renewable Energy Systems[M]. London: Woodhead Publishing Limited.